马斯洛
心理学
经典译丛

马 斯 洛 心 理 学 经 典 译 丛

TOWARD A PSYCHOLOGY OF BEING

存在心理学探索

[美国]亚伯拉罕·H.马斯洛 著

朱海燕 译

世界图书出版公司

西安·北京·广州·上海

目录

前　言

为此书命名，颇费了一番工夫。虽然"心理健康"这一提法仍然十分必要，但其内在的一些缺陷，与本书多处提及的科学理念相抵牾。萨斯（Szasz，160a）[①]及存在主义心理学家（110，111）最近开始使用的"心理疾病"一词也存在相同问题。我们仍然可以使用这些规范性术语，而且为了启发大家的思考，在本书中，我们还必须使用这些词语，但相信十年之后这些术语将会被淘汰。

更恰当的术语是"自我实现"，我就一直在使用这个术语。该词强调"充分人性化"，即人类生物特性的充分发展。这是人类作为一个物种的（实践中）常规状态，而不是某时某地才存在的状态。换言之，这种状态应相对独立于个人所处的文化环境。这种状态与个人的生物先天特性相统一，而"健康""疾病"这样的术语，往往强调个人需求与其所处的历史文化价值观相统一。此术语还具备可验证及可操作的内涵。

尽管如此，"自我实现"这一术语除了念起来有些笨拙外，还导致了以下诸多所料不及的误解：（a）强调自利而非利他；（b）忽略对人生职责和任务的付出；（c）忽略与他人和社会的连接，个人成就不再依赖于"良好的社会支持"；（d）忽略非人类现实及

[①]　本书中括号内的数字指的是参考文献所列出的文献序号。

其内在魅力和兴趣的需求特征；（e）忽略无我和自我的超越体验；（f）强调主动作为，轻视被动接受，是其暗含的意思。该术语的确造成了上述误解，尽管我一直不遗余力地指出，实证研究证明自我实现者是利他主义者，是有奉献精神的人，是自我超越者，是社交活跃分子，等等（97，第十四章）。

尽管我对"自我"这个词进行了重新定义，并进行了实证描述，但人们还是因为语言习惯，一听到这个词便自动将其与"自私"联系起来。更令人沮丧的是，一些才华横溢的心理学家（70，134，157a）一直认为，我对自我实现者特征的实证描述完全是凭空捏造的，而不是基于真实的观察。

"充分人性化"或许能避免上述误解，而"人性化消减或不足"是比"疾病"以及"神经症""精神病""心理变态"更准确的表述。至少，在普通心理学和社会学理论中，使用"充分人性化""人性化消减或不足"会更好；如果说这些新的提法对心理治疗无所助益的话。

本书中使用的"存在"（being）和"形成"（becoming）是更好的选择，尽管现在还没被广泛使用。这是个遗憾，因为后面我们会谈到，存在心理学与发展心理学以及匮乏心理学有着很大差异。我相信，心理学家必须将存在心理学与匮乏心理学结合起来，也就是将完美与不完美、理想与现实、优心态与现存态、永恒与短暂、目的与手段相结合。

本书是我1954年发表的《动机与人格》一书的续篇。和该书一样，本书也是由不同时期完成的研究论文集结而成。这本书是一个引子，希望未来在此基础上构建起一个基于实证研究、全面系统、包含人性深度和高度的普通心理和哲学体系。本书最后一章是该体系的大致纲要，是通向该体系的桥梁。本书首次尝试将"健康及成长心理学"与"心理病理学和心理分析动力学"统一起来，将分析与整体、身心待合与身心合一、善与恶、正与负统一起来。换言之，本书拟在普通心理分析学和实验心理学的科学实证基础上，构建优心态心理学、存在心理学和元动机心理学的上层建筑，以突破两大心理学体系的局限。

我发现，要让别人理解我对这两大心理学体系同时怀有的敬意和不满，是件困难的事情。因为有些人坚定地拥护弗洛伊德理论，另一些人则坚定地反对弗洛伊德理论；一些人坚决支持科学实证心理学，另一些人则坚决反对科学实证心理学。在我看来，这种选边站的"忠诚"是不恰当的，我们的任务是将所有真理整合成一个完整的真理，而这才是我们真正需要的"忠诚"。

在我看来，科学方法（作为宽泛的概念）是确保我们掌握真理的唯一途径。但这一点也可能被人误解，出现支持科学和反对科学的二元对立情况。关于这一话题，我曾有所著述（97，第1、2、3章）。在该文中，我对一些传统观点，即19世纪的科学主义，进行了批判。我打算继续这项工作，将科学方法的适用范围拓展至新兴的个人实验心理学（104）。

传统观点认为，科学不适用于心理学研究，但我认为这样的限定是不必要的。关于爱、创造力、价值、美、想象力、伦理、快乐的问题不必都抛给"非科学家"——诗人、预言家、神父、戏剧家、艺术家或外交家。这些人可能有着非凡的见解，也能提出适当的问题、有力的假设，且大多数情况下他们都是正确的，但无论他们有多肯定，都无法令整个人类相信他们的观点。他们只能说服那些持相同观点的人，以及少数其他人接受自己的观点。只有科学才能让怀疑真理的声音消失，只有科学才能克服信仰与观察之间的巨大差异，只有科学才能推动进步。

但将科学引入心理学研究的尝试现在似乎走进了一个死胡同。这种尝试（其中的一些形式）甚至被一些人视为——至少是对人类最高贵的品质和追求的——威胁。一些敏感人士，特别是艺术家，担心科学不但无法将心理学关心的问题整合起来，反而会令其四分五裂、乌七八糟，从而导致心理学的毁灭而不是发展。

我认为这些担心都是多余的。只要扩大和深化科学概念的本质、目标和方法，我们就能够让科学助力人类取得积极成就。

我希望读者不要觉得此论调与我前一本书所呈现出的文学和哲学基调不一致。无论如何，我自己没有这种感觉。到目前为止，要将一个宏观理论讲述清楚，还是需要用到文学和哲学的表达方式。此外，由于本书大多数章节最初都是我撰写的演讲稿，故一定会用到不少文学和哲学的表达方式。

与我前一本书一样，此书也有不少基于一些初步研究、证据片段、个人观察、分析推理以及完全凭直觉而得出的结论。在表述上，我力求让这些结论既可能被证明是正确的，也可能被证明是错误的。换言之，这些都只是假设——是等待验证而非已经确定的结论。无论这些结论被证明是正确的或错误的，都与心理学的其他分支学科存在明显的相关性，且有着重要作用。这些结论很重要，我相信应该能够促进相关研究。基于上述原因，我将本书视为一本科学类书籍，或者是"前科学"书籍，而不是人生建议、个人哲学或文学读物。

梳理一下当今的心理学流派，能更好地定位此书。不久前，对心理学影响最大的人性理论是弗洛伊德理论和实验—实证—行为主义理论。其他理论都不够全面，其追随者组成了许多分散的群体。然而，最近几年来，这些分散的群体迅速聚集，逐渐形成了关于人性的一个综合性理论，我们也许可以将其称为

"第三势力"。这个群体包括阿德勒学派（Adlerians）、兰克学派（Rankians）、荣格学派，以及新弗洛伊德学派、后弗洛伊德学派［心理分析学派的自我心理学家以及逐渐取代塔木德而冉冉升起的学术新星，比如马库斯（Marcuse）、惠利斯（Wheelis）、马默（Marmor）、萨斯，布朗（N. Brown）、林德（H. Lynd）以及沙赫特尔（Schachtel）等］。此外，库尔特·戈尔茨坦（Kurt Goldstein）机体心理学的影响力也在稳步上升。格式塔心理学、勒温心理学、普通语义心理学，以及以奥尔波特（G. Allport）、墨菲（G. Murphy）、莫雷诺（J. Moreno）和默里（H. A. Murray）为代表的人格心理学也正在崭露头角。新兴的存在心理学和心理治疗学也非常有影响力。其他几十位心理学家，可以大致归为自体心理学派、现象心理学派、成长心理学派、罗杰斯心理学派、人本心理学派等。这里无法全部列举。一个简单的方法是根据最可能发表某一类论文的杂志进行分类。心理学现在有五大学术期刊，全都是最近创立的。这五大刊物分别是：《个体心理学学刊》（弗蒙特大学，Burlington, vt.）《美国心理分析学刊》（220 W. 98th St., New York 25, N.Y.）《存在精神病学》（679 N. Michigan Ave., Chicago 11, Ill.）、《存在心理学和精神病学评论》（Duquesne University, Pittsburgh, Pa.），以及最新开创的《人本心理学学刊》（2637 Marshall Drive, Palo Alto, Calif.）。此外，《末那》（P.O. Box 32, 112, El Sereno Station, Los Angeles 32, Calif.）杂志是面向非专业知识分子的一本人本主义心理学理论的应用刊物。本书所附参考书目，尽管不全面，但也提供了不少人本主义心理学的论文和著作。本书属于人本主义心理学流派。

第一部分：心理学新领域

第一章　引言：健康心理学探索

当前，一个关于人类健康和疾病的心理学新领域正在悄然兴起，尽管其可靠性和科学性还有待确证，但其强大的研究和应用前景令人振奋，我实在按捺不住想要将其公之于众。该理论的基本观点如下：

1. 我们每个人都拥有与生俱来、在某种程度上不可改变、稳定的生物本性。

2. 每个人的这一生物本性兼具个体独特性和人类共性。

3. 用科学方法来研究这一本性是可行的。研究目的是识别这一本性而不是进行发明和改造。

4. 就我们目前所知，人的这一本性并无善恶之分，甚至可以说在一定程度上是中性，或偏向积极的，而非"性本恶"。所谓的不良行为，通常只是人的本性受到阻碍之后的继发反应而已。

5. 既然人的这一本性无好坏之分，甚至是积极的，就应该允许其自然展现而不是予以压制。如果能够按照自己的本性生活，我们一定能健康、快乐、富有成效地成长。

6. 如果本性被压制或否定，人就会生病——或立即或延后暴发，病征可能明显也可能不明显。

7. 人的这一本性不像动物本能那样强烈和确定，而是十分脆弱和微妙的，很容易因习惯、习俗压力和人们对人类本性的误解而扭曲。

8. 尽管脆弱，正常人的本性却不会消失——甚至病人也一样——即使受到否定，这一本性也会一直在暗中寻求实现的机会。

9. 不过，人们需要经历约束、匮乏、挫折、痛苦和悲伤，才能展现、养成和完善自己的本性，只有这样的经历才是有效的，才能证明上述结论的正确性。

如果观察结果证明上述结论正确，则上述结论将引领新的科学伦理观、崇尚自然的价值观，并成为善恶判断的终极标准。越了解一个人的自然本性，就越容易为其提供指导，使其朝着善良、快乐、成就、自尊、自爱、自我实现的目标前行。这无异于找到了许多人格问题的自动解决方案。而你需要做的，是发现自己内心深处的本性——作为人类的一员所具有的属性和作为独一无二的个体所具有的属性。

对那些能按照本性成长的健康人进行研究，能更好地了解我们所犯的错误、不足，以及成长的正确方向。每个时代都有自己的楷模、自己的理想人物，而我们的时代却没有。所有这些圣人、英雄、绅士、骑士、神秘形象都被我们的文化遗弃。留下来的是看似随遇而安的人，实则是非常苍白而低劣的替代品。也许，很快我们就能找到新的人生楷模：一个充满生命活力、自我实现的人，一个所有潜能都得到全面开发的人，一个内心本性得到自由释放的人，而不是内心扭曲、压抑、被否定的人。

每个人都必须清晰、深刻地认识到一点：凡是违背人类天性的做法，凡是违背个人本性的行为，以及任何邪恶之举，无一例外都会在我们的无意识中留下印记，让我们在内心深处蔑视自己。

美国心理学家卡伦·霍妮对此进行了精彩描述："如果我们做了自以为耻的行为，我们的无意识会将其'记录'到'不诚信档案'中；如果我们做了诚实或善良的行为，则会被'记录'到'诚信档案'中。"计算最后净值的时候，我们要么接纳和尊重自己，要么蔑视自己，觉得自己可恶、无用、不可爱。这就是过去神学家们常常提到的"怠惰"罪，即一个人知道自己能实现的人生目标最终却没能实现。

此观点并非对弗洛伊德理论的否定，而是对其观点的补充和完善。虽然有些过于简单，但可以说，弗洛伊德理论基本上关注的是人类的病态心理，而现在我们需要关注的是人类的健康心理。后者也许能让我们更可能去掌控和改进我们的生活，让我们自己成为更好的人。也许这样的心理学比只关注"如何治疗心理疾病"更有积极意义。

如何促进人的自由发展呢？什么样的教育环境、性别环境、经济环境、政治环境才最有利于人性的自由发展呢？自由发展的人需要一个什么样的世界？自由发展的人会创造出什么样的世界？病人是病态文化造成的，健康人是健康文化造就的。反过来，病态的人会令其所处的文化更加病态，健康的人让其所处的文化更健康。改善个人健康是创造更好的社会环境的一个方法。换言之，鼓励个人成长是完全可能的；如果没有外界环境的帮助，要实实在在地改善神经疾病的症状是不可能的。相对而言，刻意让自己诚实比刻意纠正自己的强迫症更容易。

从传统心理学角度看，人格问题一直被视为不受欢迎的心理问题。内心挣扎、冲突、内疚、道德感缺失、焦虑、抑郁、挫败感、紧张、羞耻感、自我惩罚、自卑、自我价值感低——这些都会导致心理上的痛苦，影响人们的行为，而且不受控制。因此，这些心理问题都自动被视为病态和不受欢迎的，应该尽早被"治愈"。

但这些心理现象在健康人或者是正在变得健康的人群中也存在。若你本该感到内疚而没有内疚感，会怎么样？假设你已经取得了各种心理能量的平衡而且已经适应了，接下来又会发生什么？也许适应和平衡减少了你的心理痛苦，这是件好事；但这种状态又会阻碍你实现更高层次的追求，所以这种状态也并非就是好的？

艾瑞克·弗洛姆（Erich Fromm）在一本很重要的著作（50）中，批评弗洛伊德经典的"超我"概念，指其过于强调权威和相对性。这就是说，在弗洛伊德看来，你的自我或良知主要是你父母或类似人物的期待、要求、理想在你内心的内化。假设你的父母是犯罪分子，那你会有什么样的良知？或者你的父亲道德观十分僵化，反对娱乐，你会有什么样的良知？比如你的父亲是个心理变态者，又会怎么样？弗洛伊德没错，在很大程度上，我们的良知从我们幼年时父母对我们的影响而来，而不是日后在礼拜日学校课本里学来的，但或多或少，我们还有一部分"本能良知"。这是建立在我们对自己本性、命运、能力或"使命"的认识基础之上的。本能良知要求我们接纳自己的本性，而不是因为软弱或基于利益或其他理由而形成的良知。一个天生的画家却不得不从事股票买卖，一个聪明的人却过着傻子的生活，一个看清真相的人却被迫保持沉默，一个血性的人却不得不表现得像一个胆小鬼，凡是没能真实展现自己才能的人都感觉自己出卖了自己，并因此而鄙视自己。这样自我惩罚的结果就是患上神经症。而一旦这种情况得以纠正，胆小鬼会重获勇气，沉默者敢于伸张正义，自我尊重也会得到提升。总之，一个人的成长和进步可能需要经历痛苦和内心的冲突。

本质上，我是在刻意废弃当前将疾病和健康进行简单二元区分的做法，至少是以表面症状区分健康和疾病的做法。患病就一定会出现症状吗？我认为该有症状而没表现出症状就是患病的一种情况。健康是不是就意味着没有任何症状呢？我不这么认为。奥斯维辛和达豪集中营的纳粹分子健康吗？那些受到良心谴责的人和良心无愧的人，谁更健康？一个真正的人能否完全避免内心的冲突、痛苦、抑郁、愤怒等情绪呢？

总之，在对你没有深入了解之前，你告诉我你的人格存在问题，我是不敢下论断的。当我对你有足够的了解之后，我需要根据具体原因才能对你说"这不是坏事"或者说"这很不幸"。而其原因可能是一些不合理的原因，也可能是合理的原因。

举个例子，心理学家对合群、适应现象，甚至对青少年犯罪的认识是不断变化的。一个人应该与什么人合群？对青少年而言，与邻里那些势利眼或本地精英不合群，或许是一件好事。适应什么？适应一种不良文化还是强势的母亲或父亲？对于一个完全适应其生存环境的奴隶，或者一个完全适应监狱生活的囚犯，我们该怎么评判？现在对那些有行为问题的青少年，心理学家也有了更多的理解。为什么这些孩子会存在行为问题？很多情况下，他们只是生病了。但偶尔，他们是因为一些合理的原因而做出了不合理的行为，比如为了反抗压迫、管制、忽视、蔑视及践踏。

显然，所谓的人格问题要看是谁提出的这个问题。是奴隶主？独裁者？权威的父亲？希望妻子不要长大的丈夫？很明显，人格问题有时只是当一个人的真实本性及心理支柱遭受打压时发出的抗议。真正的病态是当这种罪行发生时，受害人没有反抗。很遗憾，据我看，大多数人在遭受那样的打压时，都没有表达抗议。他们逆来顺受，多年之后他们才会为此付出代价，神经性疾病和各种心理疾病的症状开始显现。或者对有些人而言，他们从来没有意识到自己患病了，不会意识到自己错过了获得幸福、实现自我的可能性，错过了丰盈的情感生活、平静充实的晚年。他自始至终都未曾体会到创造的美好、生活的激情及对美的体验。

我们也必须面对另一个问题：悲伤和痛苦有时是好的，甚至是必要的。不经历悲伤、痛苦、劫难和困苦，一个人能成长并获得自我实现吗？如果在一定程度上这些都是必须且不可避免的，那么其限度是什么？如果这些是一个人成长过程中必需的，那么我们就不应该将这些视为不好的事情并让人们自动地避开这些问题。有时，从最终的结果来看，这些都是必要和有益的。提供保护，让人们免于经历苦痛，是一种过度保护，反过来是对他们个体本性完整的不尊重，从而影响其未来的成长。

第二章　存在主义哲学对于心理学的借鉴作用

如果抱着"存在主义对心理学有什么启示？"的想法来研究存在主义，我们会发现，从科学的角度讲，存在主义过于模糊，难以为心理学提供支持（因为其观点既不能被证明成立，也不能被否定）。但我们还是发现，存在主义可以为心理学提供一定借鉴。存在主义给心理学研究带来的当然并非全新的启示，"第三势力心理学"对一些研究潮流的强调、确证、锐化和重新挖掘就体现了这一点。

在我看来，存在主义心理学有两个要点。首先，强调自我这一概念及自我体验对人性及任何人性哲学或科学的重要性。我之所以将这一概念提出来加以强调，一方面是因为相较于"本质""存在""本体"等这些词，我更熟悉"自我"这个词；另一方面，我感觉这一概念可以进行实证研究，即便现在还不行，但不久的将来应该可以。

然而，这就出现了一个悖论：美国心理学家对自我的探索也有着深刻认识。[奥尔波特、罗杰斯（Rogers）、戈尔茨坦、弗洛姆、惠利斯、埃里克森（Erikson）、默里、墨菲、霍妮、梅，等等。]我必须承认，与德国的海德格尔、雅斯贝尔斯等人相比，这些心理学家的文章更接近现实，表达也更清晰。

其次，存在主义强调从经验知识而不是概念系统、抽象范畴或先验概念上进行研究。存在主义是以现象学为基础的，即强调个人的主观经验是抽象知识的基础。

但很多心理学家已经开始强调这一点，更别提各种派别的心理分析治疗师了。

1. 欧洲哲学家和美国心理学家并不像表面看起来那么相距遥远。我们美国人"一直在谈论这个问题却不知其名"。两个不同国家的学者各自独立地得出了相同的结论，这部分地说明客观外在现实独立于人存在，人们会根据独立的客观现实做出反应。

2. 我"相信"某个客观现实意味着个人之外没有价值理念的来源。许多欧洲存在主义者主要是对尼采的"上帝已死"，甚或马克思已死这一事实提出批判。但美国人已经明白，民主政治和经济繁荣并不能消除基本价值理念问题。要寻求价值理念，唯有转向个人的内心才能获得。一个悖论是，即使一些有宗教信仰的存在主义者也部分地认同这样的观点。

3. 对心理学家而言，最重要的是存在主义能为心理学提供哲学上的支撑，而这是心理学目前急需的。逻辑实证主义没能为临床人格心理学家提供所需的哲学理论。无论如何，心理学家可以重新开始讨论一些基础的哲学问题，也许不必再依赖伪解决方案或自己小时候无意识中习得的未经推敲的哲学理念。

4. 换个说法，欧洲存在主义所讨论的核心内容（对我们美国人而言）即用激进的方式处理人类的理想与自身局限之间（人类本质、人类理想、人类潜力）的鸿沟。这一核心内容与自我问题并不像表面看起来那么相距甚远。一个人是现实与潜能的综合体。

我坚信，关注人的理想与自身局限之间的差距对心理学会产生革命性的影响。许多现有文献已经有所证明，比如投射测验、自我实现、各种高峰体验（连接人的理想与自身局限之间的一座桥梁）、荣格心理学和各种派别的神学思想家等。

不仅如此，这些文献还提到了将人的低级和高级本性、神性和动物性进行融合的困难与技巧。整体而言，东西方大多数哲学和宗教都有类似的二分法，并教导说，要实现"高级"本性，就需要控制和放弃"低级"本性。而存在主义的教义却是承认二者皆为人的关键本性，不能放弃任何一端，只能加以整合。

但我们已经掌握了一些整合的技巧——内省、更广泛意义上的智力开发、爱、创造、幽默以及悲剧、戏剧、美术。我猜想今后我们会比以前更加关注这些整合技巧的研究。

此外，我认为，存在主义之所以强调人性有两极，是因为发现有些问题永远不可能得到解决。

5. 基于上述结论，我们自然地要关心什么样的人是一个理想、真实、完美，或者有神性的人，也会思考如何从人的现实情况出发去探讨其潜能的问题。这些问题也会显得有些不切实际，但实际情况并非如此。因为这只是用一种新的方式来提出一个古老且还未有答案的问题："心理治疗、教育、家庭教育的目标是什么？"

这意味着我们需要特别注意另外一个真相和问题。实际上，要对"真正的人"的内涵进行描述，一定会提到一点，即"真正的人"通过自我成长，与其所处的社会，事实上是整个人类社会，形成了全新的关系。他不仅在各个方面超越自己，也超越了其所处的文化。他摆脱了文化对他的束缚。他与自己的文化和社会保持着距离。他具备了更多的物种归属感，而舍弃了地方社群的归属感。我感觉，很多社会学家和人类学家会觉得我的观点难以接受，因此我相信在这个领域将会产生意见分歧。

6. 我们应该像欧洲学者那样，更强调和关注他们所谓的"哲学人类学"。对人的本质进行界定，找出区分人与其他物种、人与其他物体、人与机器人之间的本质差别是什么。找出人之所以为人的特征（也就是说，一旦不具备该特征，就不能称为人）是什么。

整体上，美国心理学家还未涉及这一问题。美国的各类行为主义理论无法提供相关答案，至少是不能提供可以严肃对待的答案。（一个刺激一反应型的人是什么样的？谁希望成为这样的一个人呢？）弗洛伊德所描绘的人显然也无法提供合适的答案，因为这个人没有理想，没有可实现的期望，更没有神性。尽管弗洛伊德为我们提供了最完整的心理病理学和心理治疗理论体系，但当代自我心理学家发现该体系与人的本性问题并不相关。

7. 关于自我成长的路径，欧洲心理学家与美国心理学家有着不同的见解。美国的弗洛伊德和自我实现及成长心理学家在谈论自我时，都倾向于说"发现自我"（仿佛自我一直在那里等着被发现）和"找出治疗方法"（仿佛把上层遮盖物掀开，你就能发现隐藏在下面的方法）。当然，那种认为自我是一项工程，完全靠个人选择创建而成，是极端夸张的说法，因为我们知道制度和基因等因素也会对人格产生影响。但这两种观点的分歧可以通过实证来解决。

8. 我们心理学家一直在回避的一个问题是人格中的责任感概

念，以及与其相关的勇气和个人意志的概念问题。这些概念问题也许与当前心理分析师所谓的"自我力量"相近。

9. 奥尔波特曾号召美国心理学家从事个例心理学研究，但目前这方面进展缓慢，即便是临床心理学家也没有做相关研究。但现在现象学家和存在主义哲学家都在推动我们朝这个研究方向努力，且我们很难拒绝。事实上，我认为，从理论上讲，这是不可能拒绝的。如果个体的特殊性研究与我们已有的科学知识不相符，那整个心理科学概念的可靠性就更糟糕了。如此，整个心理学科都不得不经历重建。

10. 现象学在美国心理学史上曾经有过一席之地（87），但整体来看，现已没落。欧洲的现象学家用极其细致烦琐的演示，应该能重新教会我们理解他人的最好方式（或者至少为了某些必要目的）是从对方的世界观出发，从他的视角来观察这个世界。当然，这对任何一门秉持实证哲学理念的科学而言，都是难以接受的。

11. 存在主义对个体"独立性"的强调是一个有益的提醒，不仅提醒我们进一步深入研究决定、责任、选择、自我创造、自主性以及自我这些概念，同时让我们注意到个体之间的神秘交流——诸如直觉与共情、爱与利他主义、对他人的认同以及通常意义上的和谐——难以解释，当然也更加令人着迷。而我们以前觉得这些毫无特别之处。如果我们将这些现象视为需要解释的奇迹，也许会更恰当一些。

12. 存在主义哲学家们关注的另一个焦点，我认为可以用更简单的语言来表达：生存的严肃性和深度（或许可以说"生活悲惨的一面"）与肤浅和表面化的生活所形成的对照。后者似乎是生存的弱化，是对生命终极问题的防御。这不只是一个文学概念，有着真实的操作意义。比如在心理分析治疗中，我（及其他心理学家）逐渐认识到，悲剧有着心理治疗效果，当人们被痛苦所逼时，其治疗效果更佳。当肤浅的生活遇到困难时，人们才会开始追问，才会寻找生活更深层的内涵。而存在主义者已经清楚地证明，肤浅的心理学也会失效。

13. 存在主义者及许多其他哲学流派正在让我们认识到语言、分析、概念理性的局限性。这些局限呼吁我们在进行概念或任何抽象分析之前，回归到原始体验。我认为，这相当于对 20 世纪西方社会的整体思考方式进行了一场恰如其分的批评——包括传统的实证科学和哲学都需要重新评价。

14. 也许现象学者和存在主义学者将要造成的最重大变革之一是科学理论革命——这是一场早就应该发生的理论革命。我不应该用"造成"这个词，而应当用"共同促成"，因为有很多其他力量也正在合力消灭科学的官方哲学，或者说"科学主义"。不仅仅是要克服笛卡儿关于主体与客体之分，在将心理和原始的现实体验纳入科学范畴之后，还需要许多激进的改变，而这些改变不仅会对心理科学产生影响，还会对其他科学理论产生影响，比如，吝啬、简洁、精确、整齐、逻辑、定义等都是抽象范畴。

15. 作为本章的结尾，我要指出，存在主义相关文献对我触动最大的是关于心理学中的"未来"问题。这倒不是因为此问题像我前面提到的那些问题一样，是我完全不了解的问题。在我印象中，大多数熟悉人格理论的学生都不会觉得这是个陌生的问题。夏洛特·布勒（Charlotte Buhler）、奥尔波特、库尔特·戈尔茨坦等人的论文让我们意识到，系统地了解存在于当前人格中的未来发展动力是非常必要的。成长、改变和可能性都指向未来；潜能、希望、期许、想象也是如此；只关注具体事物是对未来的忽视；威胁和恐惧也是指向未来的（没有未来＝没有神经症）；如果不积极思考未来，自我实现毫无意义；生命可以是时间维度上的一个完形结构；等等。

存在主义者认为此问题十分基础，十分关键，这对我们有很好的启示作用。欧文·施特劳斯（Erwin Strauss）五月发表的论文就是一个明证（110）。任何心理学理论都必须包含这一点，即一个人的未来取决于他现在的所在所为，否则这个理论就是不完整的。我想这个说法是不会有错的。从这个意义上讲，未来可以视作库尔特·勒温（Kurt Lewin）所谓的"非历史事件"。我们也必须认识到，原则上只有未来是未知也不可知的。这意味着，所有的习惯、防御机制、应对机制都是模糊和不确定的，因为这些都是基于过去的经验而形成的。只有那些灵活且有创造力，自信且无畏地面对新情况的人才能把握未来。我深信，我们现在所谓的心理学，大部分只是在研究我们为了应对未来的全新情况而采取的避免焦虑的小技巧——假装未来会跟过去相同。

结　语

我希望当下我们正在见证心理学领域的扩展，而非一种可能变成反心理学和反科学的"主义"，上述结论让我的希望有了支撑。

存在主义不仅可能会让心理学变得更加丰富，还可能催生新心理学分支的建立，即关于充分发展、完全真实的自我及其存在方式的心理学。苏蒂奇（Sutich）曾建议将这样的心理学称为本体心理学（ontopsychology）。

心理学中现在所谓的"正常状态"其实是关于平庸者的心理病态，这一点正变得越来越明显。有这种病态的人内心毫无波澜，而这种病态十分常见，以至于通常我们都不会关注到这种现象。存在主义者关于真实的人及真实生活的研究，就像一道刺目的光，将这种普遍存在的假象、人类生活中普遍存在的虚幻和恐惧暴露出来，揭示出其病态的真相。

对于欧洲存在主义者关于恐惧、悲痛、绝望等心理现象喋喋不休的解释，我觉得无须太当真；因为对于这些问题，他们唯一的解决办法似乎就是保持坚强。每当基于外在因素的价值理念行不通时，这些高智商者的抱怨声响彻云霄。他们应该从心理治疗师那里学会一个道理：丢掉幻想，发现自我虽然初时很痛苦，但最终却会感到幸福，变得坚强。

第二部分：成长与动机

第三章　匮乏动机和成长动机

　　"基本需求"这一概念可以根据其回答的问题和需要完成的操作来定义（97）。我的第一个问题是关于精神病的发病根源："导致人们心理异常的原因是什么？"我的答案（我认为，此答案比分析心理学给出的答案有所改进）简单来说，在初始阶段，神经症的核心原因是需求没有得到满足；就像人体需要水、氨基酸、钙，如果不能得到这些元素就会生病一样。很多心理疾病涉及的因素很复杂，但最关键的是对安全感、归属感、认同感、爱、亲密关系、尊重、优越感的需求没有得到满足造成的。我的"数据"是通过十二年心理治疗的经验和研究以及二十年人格研究获得的。一项控制组实验（按照同样操作方式同时进行）研究了替代疗法的效果，结果显示，虽然有很多复杂因素，但一旦这些需求得到满足，疾病就会消失。另外一项针对心理健康和不健康者家庭背景的长期对照研究（其他心理学家也做过类似研究）显示，后面变得健康的人，都是核心基本需求得到满足的人，即存在预防性控制（97，第五章）。

　　上述结论现已被大多数临床医生、治疗师、儿童心理学家（尽管他们大部分人与我的用词不同）所接受。根据这些结论，心理学家逐渐能基于一代人年复一年积累的真实经历，更自然、更轻松、更具体地对人的需求进行界定［而不是为了显得更客观，在积累起真实的知识之前，而不是之后（141），过早地、武断地对人的需求进行界定］。

以下是需求长期得不到满足的特征。它是一个基本或本能需求，如果：

1. 需求没得到满足会导致疾病发生；

2. 需求得到满足能预防疾病；

3. 需求重新得到满足能治愈疾病；

4. 在能够自由选择的（非常复杂的）情形下，在一些需求未被满足时，相较于其他选项，一个人更倾向于让此项需求被满足；

5. 一个健康人身上活跃度不够或没有发挥其功能的需求。

另外两个特征则是主观感受，即有意识或无意识的渴望，以及缺乏或不满足的感觉，就如同感觉自己丢了什么，或对什么特别有兴趣（"尝起来很棒"）。

关于术语界定我还要说一点：在界定或区分动机的时候，本领域很多研究者感到棘手的问题都是由于他们只采用行为及外在可观察的标准而造成的。界定动机的最初标准，以及现在除行为心理学家外，所有人使用的标准都是主观标准。当我感觉想要或希望得到或渴望得到或感觉没有得到的时候，我就有了动机。目前还没有发现客观和可观察的状态与人的主观需求有着明确的对应关系。换言之，目前还没有形成很好的关于动机的行为界定。

当然，我们应该继续寻找主观心理状态与客观行为之间的对应关系。当找到快乐或焦虑或欲望的外在客观标准的那天，心理学应该已经发展到百年之后了。但在我们找到这个客观外在标准之前，不能假装我们已经找到了，也不能忽略现在拥有的主观证据。很不幸，我们不能让老鼠告诉我们它的主观愿望。然而，幸运的是，我们可以让一个人告诉我们他的主观愿望。而且，在我们有更好的数据来源之前，我们没有理由不这么做。

一个人的需求若没有得到满足，或者是出现亏空后，必须靠他本人之外的人来填补，才能使其恢复健康。为了讲述方便，并将此需求与其他类型的动机加以区分，我将这些需求称为亏空或匮乏需求。

如果说我们"需要"碘或维生素 C，没有人会对这个陈述表示质疑。我提醒你，类似地，我们也"需要"爱。

最近几年来，越来越多的心理学家发现，他们不得不假定人们存在成长和自我完善的倾向，以对平衡、体内稳态、减压、防御及其他保守动机相关的概念加以补充。其理由如下：

1. 心理治疗不是必需的。心理治疗存在的绝对前提是对健康的迫切追求。如果没有这样的追求，心理治疗简直难以理喻，因为建立痛苦和焦虑的防御机制并不需要心理治疗（6，142，50，67）。

2. 脑损伤士兵的案例说明大脑的重组能力很强。戈尔茨坦研究的脑损伤士兵的案例（55）为大众所熟知。在这个案例中，他发现需要创造出"自我实现"这个概念来解释受伤后一个人大脑的自我重组能力。

3. 心理分析师的发现。一些心理分析师，尤其是弗洛姆（50）和霍妮（67）发现，只有假定心理疾病是自我成长、自我完善、自我实现的一种扭曲表达，人们才能理解心理疾病。

4. 创造力研究也提供了一定的证据。对健康成长或已经完成健康成长的人进行创造力研究，特别是与非健康人士的对比研究，使人们对创造力有了更多了解。成长概念和自发性概念对于艺术和艺术教育理论更是十分必要。

5. 来自儿童心理学的证据。对儿童的观察研究表明，儿童会因为成长、进步，获得新技能、新身份和权力而感到快乐。而弗洛伊德理论则认为，儿童一旦适应某种状态或达到一种平衡，就会牢牢抓住不放。按照这种理论，孩子们都是保守、不愿进取的，需要来自外界的力量促使其走出舒适区，迎接令其恐慌的新环境。

临床心理治疗师发现，对于那些没有安全感、心存恐惧的孩子，以及大部分人而言，弗洛伊德的这一理论是成立的，但对于健康、快乐、有安全感的孩子而言，这个理论整体上是不成立的。在这些孩子身上，我们可以观察到成长、成熟、走出舒适区的急切需求，这种需求就像希望扔掉一双旧袜子一样。在这些孩子中，我们清晰地观察到，他们不仅仅渴求掌握新的技能，还会因为不断掌握新的技能而乐在其中，即卡尔·布勒（Karl Buhler）所谓的"功能性兴趣"（Funktionslust，24）。

目前，有一些心理学家，最突出的包括弗洛姆（50）、霍妮（67）、荣格（Jung，73）、布勒（22）、安吉亚尔（Angyal，6）、罗杰斯（143）、奥尔波特（2）、沙赫特尔（147）、林德（92）以及天主教心理学家（9，128）都持类似观点。对他们而言，成长、个体化、自主、自我实现、自我发展、多产能力、自我认识，这些词大致上都是同义词，所描述的是一个模糊而非精确界定的领域。我认为，目前还不能对这个领域进行精确界定。同时，也不建议对此领域进行精确定义，因为只有基于大众熟知的事实轻松自然地对一个领域进行界定才会精确，否则就会导致局限和歪曲。仅仅凭借经验，根据自己的主观想法形成的界定，很容易出错或令人误解。目前，我们对成长的认识还很不充分，无法对其进行准确界定。

成长的含义可以通过指示而不是界定得以彰显。比如，一面指出其是什么，一面指出其不同于什么。比如，成长不同于平衡、稳态、压力消减，等等。

这些心理学家之所以支持这一理论，一方面是现有理论无法解释他们观察到的一些现象，另一方面则是旧价值体系崩塌之后形成的新人本主义需要新的理论和概念支持。但本书理论则从健康人心理研究出发，不仅是为了研究人的内在本质，也是为心理治疗理论、心理病理理论提供更坚实的基础，进而为人本主义价值理论提供坚实的理论支撑。在我看来，只有通过这样的直接研究才能发现教育、家庭养育、心理治疗、自我发展的真正目标。成长的最终产物能让我们更好地了解成长过程。在最近出版的一本著作中（97），我总结了此类研究的经验，并就研究健康心理而不是病态心理，以及研究积极方面而不是消极方面，对普通心理学研究的启示进行了大胆推断（我必须提醒读者，这些数据可能不太可靠，除非其他研究者能复制这些实践，并得出相同的数据。这样的研究过程中存在心理投射的可能性非常大，而且研究者自己很难发现这一点）。现在，我想讨论一下我观察到的健康人的动机生活与其他人的动机生活之间的不同，即那些由成长动机推动的人与基本需求动机推动的人之间的差异。

就动机状态而言，健康人因为其对安全、归属、爱、尊重及自我肯定的需求都得到了满足，所以驱动他们的动机主要是自我实现［即对实现潜能、能力、才能、愿景（又称使命、命运、召唤），对自己本性的理解及接受，对本人内心统一、整合和共生的不断追求］。

与此笼统的界定相比，一个描述和操作性的定义更容易理解，这个定义我已经在期刊上发表过了（97）。健康人具备下述临床可观察的特征：

1. 对现实的观察更准确；

2. 对自己、他人及自然的接受程度更高；

3. 随机应变能力更强；

4. 更专注于解决问题；

5. 对独处和隐私的需求更高；

6. 自主性更高，对他人影响的抵抗力更强；

7. 更懂得感恩，情感反应更丰富；

8. 高峰体验的频率更高；

9. 对人类的认同感更高；

10. 人际关系改变（临床心理治疗师所谓的改善）；

11. 更民主的性格结构；

12. 创造性大幅提升；

13. 价值体系发生某些改变。

此外，本书也指出因为采样及数据不足而导致该定义存在局限。

此定义，就上面陈述的内容来看，最大的问题是比较静态。我只在年纪比较大的人身上观察到自我实现，因此它常常被看作事情的最终发展状态，是一个长远的目标，而不是生命中一个动态、活跃的过程；是一种存在（Being），而不是形成过程（Becoming）。

如果我们将成长界定为一个人最终获得自我实现的多个过程，则与我们观察到的现实更相符：人的一生中都在经历成长。这一事实也否认了动机按部就班发展的说法，即在获得自我实现的过程中，一个个基本需求都完全实现后才在人的头脑中出现更高级的需求这一说法与事实不符。我们观察到，一方面，成长要求基本需求逐步得到满足，直到它们"消失"；另一方面，非基本需求，诸如才能、能力、创造性、晋升潜力等有时候会优先于基本需求。基于此，我们认识到基本需求和自我实现之间并不矛盾，就如同幼年期与成熟期并不矛盾一样。二者相互影响，互为前提。

通过对自我实现者的动机生活与其他人动机生活进行定性观察，我们对成长需求和基本需求进行了区分。下文将列举这些区别。成长需求和匮乏需求这两个词算是较好地描述了二者的区别，虽然不够完美。比如，不是所有生理需求都是匮乏需求，像性、排泄、睡眠和休息就不是。

在更高层次上，安全需求、归属需求、爱和尊重的需求都是匮乏需求，但自我尊重需求却有些不太确定。虽然为满足好奇心和系统性解释而产生的认知需求，以及对假设存在的美的需求可以视为一种匮乏需求，但创造需求和表达需求却是另一回事。显然，不是所有的基本需求都是匮乏需求。不过，凡是因为没有得到满足而产生病态反应的需求一定是匮乏需求［显然，墨菲（122）所强调的感官满足非匮乏需求，甚至根本算不上需求］。

无论是哪种情况，一个人的心理生活，在很多方面取决于他是匮乏需求导向还是成长需求导向（或称为"元动机"，或自我实现导向）。以下区别能清晰地阐明其差异。

对冲动的态度：拒绝冲动和接受冲动

几乎所有过去和当代动机理论都认为，需求、冲动和动机状态是令人生厌、反感、不悦和不可取的，需要被消除。有目的的行为、追求目标、充分满足需求则是消除这些不适的技巧。"需求消减""紧张消减""冲动消减""焦虑消减"等描述动机的词汇就明显地反映了这样的态度。

在动物心理学和大量依赖于动物研究的行为主义心理学中，此态度是可以理解的。或许是因为动物只有匮乏需求。不论事实是否如此，我们一直是以这种观念对待动物动机研究的，这大概是为了追求一种客观性。一个目标物必须是动物机体外的东西，这样我们才能衡量该动物为实现其目标做出了多大的努力。

弗洛伊德理论认为冲动是危险和需要避免的，这也是可以理解的。毕竟，该理论整体上是建立在病人的经历基础上的。这些病人在需求、需求的满足上都经历过挫折。因为冲动曾经给他们造成困扰，而他们处理得很糟糕——通常而言，他们的处理方式就是压抑冲动，所以这些人对自己的冲动心怀恐惧或厌恶，也就不难理解了。

在哲学、神学、心理学的发展史上，强调克制欲望一直是一个不变的主题。斯多葛学派、大多数享乐主义者、几乎所有的神学家，以及许多政治哲学家、大多数经济理论学家都一致赞成：善报、幸福或快乐的关键是克制令人不悦的内心状态——渴望、欲望、需要。

用尽可能简洁的话来说，这些人都发现欲望或冲动是个麻烦或危险，总体而言应该予以清除、否定或避免。

在某些情况下，这一观点与事实完全相符。对很多人而言，对心理麻烦制造者、问题制造者，特别是那些在满足自身需求过程中遇到挫折以及现在也不能指望自己欲望能得到满足的人而言，生理需求、安全需求、爱的需求、尊重的需求、信息获取的需求的确是件麻烦事。

即便如此，这一观点也是站不住脚的。一个人可以意识到自己的欲望和需求，接纳并享受自己的欲望和需求，如果满足下列情形：（a）过去的相关经历一直是积极的；（b）现在和未来这些欲望或需求能够得到满足。比如，如果一个人通常都能享受食物，而且现在也能得到好的食物供给，则产生食欲是件受欢迎而不是令人生畏的事情。（"麻烦的是，吃东西会让我失去食欲。"）对于口渴、困倦、性爱、依赖和爱这样的需求，也是同样的道理。但对于"需求是麻烦"这一观点的最有力反驳则来自最近出现的关于成长（自我实现）动机的认知。

"自我实现"这个统称之下所辖的各种动机很难一一列举，因为每个人的才能、能力、潜力各不相同。但对"自我实现者"而言，所有的动机都有一个共同的特征，那就是这些冲动和欲望是受欢迎的，是令人愉悦的，这个人希望这些欲望更强烈一些而不是更淡然；如果这些欲望或需求会带来紧张感，也是令人愉悦的紧张感。有创造力的人通常会欢迎自己的创造冲动，有才能的人乐于使用和扩展自己的才能。

这种情形下，"消减紧张"的说法就不成立了，因为"消减紧张"暗含的意思是清除一种令人生厌的状态。而此时此刻，这种紧张感并不让人生厌。

满足效果的差异

与对欲望的负面态度相伴相随的一种观念是：一个生物体的首要目标是摆脱令人生厌的需求，以消除紧张或痛苦，从而获得心理平衡、稳态、静止、放松。

冲动或需求会自取灭亡。冲动或需求只会导致其本身被革除、消灭，直到不再产生。照此逻辑，我们能推出的最终结论一定是弗洛伊德的死亡本能概念。

安吉亚尔、戈尔茨坦、奥尔波特、布勒、沙赫特尔等人已经对这一循环论证进行了有力的批评。如果动机生活只包括防御性地消除令人心烦的紧张感，如果紧张消减的最终结果是被动地等待更多的烦恼出现，然后将其去除，那么人怎么能实现改变或发展或前进或转向？人们为什么会进步？为什么会变得更明智？生活中的激情指的是什么？

夏洛特·布勒（22）指出，稳态理论不同于静止理论。后者指的是去除紧张感，即零压力是最佳状态。稳态不是要保持零压力，而是最佳平衡。这意味着有时候要去除紧张感，有时候要增加紧张感。这就像血压过高或过低时一样。

很明显，无论是上述哪一种情况，一个人一生中总是处于没有长期发展方向的状态，因此，无论是上述哪一种情况，人格成长、智慧增加、自我实现、性格强化、人生规划都是不可能的。而要理解人一生的发展，我们必须用到长期矢量或方向趋势（72）。

即使用于讨论匮乏动机，此理论也是不恰当的，因为该理论没有意识到所有匮乏动机都是动态相关的。各种基本需求是以层级结构相互关联的。一项需求得到满足之后，其从中心位置移除并不会产生一种静止状态或斯多葛式的无欲无求，而是会进入一个"高阶"需求，即这些需求和欲望提升到了一个更高的层次。故这种"走向静止"（coming-to-rest）的理论即便是对匮乏动机而言也是不适用的。

若用此理论来研究以成长动机为主的人，则更是毫无用处了。对于这样的人而言，满足需求会激发动机而不是降低动机，兴奋感会增强而不是降低，欲望会变得更强烈。他们自身会不断成长，欲望不会越来越少。比如，这些人会希望能接受更多的教育。他们不但不会变得更加静止，反而会更加活跃。成长的渴望会因为欲望和需求的满足而更加膨胀。成长本身就是一个令人愉悦和兴奋的过程——自己的理想和志向得以实现的过程。比如,成为一位优秀的医生;掌握令人羡慕的技能,成为优秀的小提琴手或木匠;对人类或宇宙有更多了解,或对自己有更多了解;在某个领域创造力的发展,或者仅仅是希望成为一个好人。

韦特海默(Wertheimer,172)很久以前就强调了匮乏需求和成长需求差异的另一方面,他声称,虽然看起来有些矛盾,但寻找目标的活动只占据了他 10% 的时间。一项活动可能本身就让人乐在其中,也可能因为是满足另一个欲望的工具才具有价值。如果是后一种情况,当这项活动不能成功或有效地满足该欲望时,就会失去其价值,不再令人愉悦。更多时候该活动不能带来任何乐趣,只有目标能带来乐趣。这就如同生活本身不令人快乐,但死后能进入天堂则会让人开心一般。本结论是建立在这样的观察之上的:整体而言,自我实现者享受生活的几乎每个方面,而其他人则只体验到了生活中的片刻胜利、成就或高潮或高峰体验。

生活的内在价值部分源自成长或被促进成长这一过程所固有的愉悦感,但也源自健康人能够将"手段—活动"转换成"目的—经历"的能力,即使原本是工具性的活动也能像目的活动一样令人乐在其中(97)。长期性或许是成长动机的一个特点——需要一生中大部分时间都从事相关活动,才能造就一名优秀的心理学家或艺术家。而所有的平衡或者稳态或者静止理论只能用来解释短期内的多项活动,而短期内多项活动之间相互没有关联。奥尔波特特别强调了这一点,他指出,规划和未来展望是健康人性的核心要素。他认为(2),"匮乏动机,事实上要求消减紧张感并恢复平衡;而成长动机则能让人保持一种紧张感,以实现其远期目标和通常不能实现的目标。正是这种紧张感能将人与动物区分开,将成年人和婴幼儿区分开。"

满足的临床效果

匮乏需求满足和成长需求满足对人格的影响在主观效果和客观效果上存在差异。如果概括一下我努力想表达的意思，就是：满足匮乏需求能避免疾病；满足成长需求则能造就积极健康。我必须承认，目前这一说法还很难表述得十分精确以便为研究服务，但防御威胁或攻击以取得世俗的胜利和成就，保护、维护、维持自我以获得内心的满足、快乐和丰富，这两种选择实实在在地会导致临床上的差别。我把这种差别称为"为活得充实做准备与充实生活"之间的差别、"被迫成长与主动成长"之间的差别。

不同种类的快乐

弗洛姆（50）和他之前的很多心理学家一样，将快乐区分为高级和低级两类。这一区分十分有意思，也很重要，这对于打破主观伦理的相对性很关键，也是建立科学价值理论的前提。

他将快乐区分为"匮乏快乐"和"充盈快乐"，或者需求满足型"低级"快乐和生产、创造及洞见成长型"高级"快乐。与功能兴趣——一个人能在自己的力量高峰期，轻松、完美地完成某项活动时所体验到的狂喜及静好的心情——相比，匮乏需求得到满足之后所获得满足感、放松感以及紧张感的消失，充其量可称为"缓解"（详见第六章）。

"缓解"十分依赖于会消失的事物，其本身更容易消逝，且与成长快乐——这种快乐可以持续到永久——相比更不稳定，更不持久，更不恒定。

可达到（片刻）及不可达到的目标状态

匮乏需求的满足常常在一个时间段内完成，且会达到一个高潮。最常见的情形可以表述如下：首先产生一个冲动，接着引发了满足目标状态的刻意行为；随后，在目标状态中，欲求和兴奋程度逐渐稳步上升；最后，在目标实现时达到高峰。从欲望、兴奋和快乐的曲线制高点迅速跌落到一个平台期，在此期间，紧张感得以释放，动机随之消失。

虽然此过程并非普遍适用，但在任何情况下都会与成长动机下驱动的过程形成强烈对照，因为在后一种情形中，不会出现高潮、高峰，也不会有结束状态，就从达到高潮这个角度而言，甚至都不会存在目标。相反，成长是一个持续、或多或少稳定地向前或向上的发展过程。一个人取得的进步越多，希望得到的进步就越多。这样的需求是无止境的，永远也不能达到或者满足。

鉴于此，常见的需求满足不再分步进行，即不再遵循产生冲动—出现目标寻找行为—找到目标事物—达到欲求效果，最终欲求完全消逝，这样一个过程。这时，行为本身就是目标，将成长目标与成长冲动区分开来是不可能的，因为二者是统一的。

种群共有目标与个性化目标

匮乏需求是人类的共有目标，在一定程度上也是所有物种的共有目标，而自我实现是个性化目标，因为每个人都是不同的个体。匮乏需求，即种群共有需求的满足是个性化发展的前提。

就如同所有的树木都需要从环境中获得阳光、雨水、营养物质一样，所有人都需要从其生存的环境中获得安全感、爱及社会地位。但这只是真正的个性发展开始的地方，因为一旦这些种族共有的基本需求得到满足之后，每一棵树和每个人都会按照自己独特的方式发展，按照自己的目的使用这些必要的物质。发展是由个体的内在动力而不是外在因素驱动的，这是非常重要的一点。

对环境的依赖与独立

　　安全感、归属感、亲情关系、尊重都只能由他人加以满足，即只能从一个人的外在环境中获得。这意味着，很大程度上一个人需要依赖于其所处的环境。在这种情形下，很难说此人掌控着自己的命运。他必须被那些能满足自己需求的人所关注，尽量满足他们的愿望、幻想，并遵从对他有约束力的规则或法则，否则他自己的需求就无法得到满足。在某种程度上，他必须"面向他者"，并对他人的赞同、关爱和善意保持敏感。换言之，他必须能随机应变以适应周遭的环境。他是可变量，而其周遭环境是独立的非变量。

　　因此，以满足匮乏需求为动机的人对环境的恐惧更甚，因为总是存在让他的需求不能得到满足的可能性。我们现在已经知道，对环境的焦虑依赖也会导致其对所处环境的敌视。这些因素共同导致他不能自由行事，自己的需求能否得到满足或多或少依赖于个人运气的好坏。

　　相反，自我实现者，根据定义是基本需求得到满足的人，对环境的依赖程度低得多，受到的约束也更少、更自主，自我掌控力更强。对于有成长动机的人而言，他们对其他人的依赖要少得多。

事实上，他人对他而言反而可能是一种阻碍。我已经报告过（97）他们偏爱独处、超然和冥想（另见第十三章）。

这些人的自立能力更强，自我独立性更高。对他们约束力更大的是内在的动力而非社会或环境因素。他们掌控着自己的内在本性、潜能、能力、才能、创造性冲动。他们也掌控着自我了解的需要。他们掌控着自己，让自己的内心更加统一和谐；对自己的本质看得更清楚；明白自己的使命或命运。

因为他们对别人的依赖很少，所以对别人的态度更加明确，对别人也较少敌意，对别人的赞美和关爱需求也很少。他们也很少渴望荣誉、优越感和奖励。

自主或者相对独立于所处的环境，也意味着与外在恶劣环境相对独立，比如时运不济、人生不幸，遭受压力，物质或精神上被剥夺，都不会对他们产生过大的影响。奥尔波特指出，对于自我实现者而言，认为人本质上是根据环境做出反应的观点——我们可以称之为刺激—反应型人——是十分荒谬和站不住脚的。自我实现者的行动更多是由其内心而不是外在的刺激触发的。与外在环境及其需求和压力保持相对独立，并不意味着不与周遭环境发生接触，也不意味着不尊重环境的"命令—特征"，而仅仅是说，在与外界环境打交道的过程中，最重要的决定因素不是来自环境压力，而是自我实现者自己的意愿和计划。我称其为心理自由，与地理上的自由相对照。

奥尔波特对所谓"机会主义"与"自我"行为的区分（2）与我们对外在决定型和内在决定型行为的区分类似。生物学家们也一致认为，自主独立意识的增强及对外界环境刺激依赖的减少，是完整的个体性、真正的自由及完整进化过程的关键特征（156）。

关切与冷淡型人际关系

本质上，受匮乏动机驱动的人对他人的依赖程度远高于主要由成长动机驱动的人，前者更"关心"、需要、依赖他人。

这样的依赖关系会丰富也会限制其人际关系。将他人视为需求满足者或供给来源是一种抽象化行为。他人不再被视为一个完整、复杂、独特的个体，观察者只看到其有用之处；与观察者需求无关的品质，要么被完全忽略，要么令其厌烦，要么令其害怕。这种关系就如同我们与牛、马、羊，以及餐馆服务员、出租车司机、挑夫、警察及其他为我们服务的人的关系一样。

要客观、全面、不掺杂利益、不带欲求地审视他人，只能在不需要其帮助或服务的时候才能做到。但自我实现者（或者在自我实现的时刻）更容易视他人为独一无二的个体，纯美学地审视他人。对他人的赞同、欣赏、热爱更多建立在他人的客观、内在品质之上，而不是源于对他人的帮助或服务的感激。一个人因为其值得欣赏的品质而得到欣赏，而不是因为他善于吹捧或谄媚。一个人被爱是因为他值得爱，而不是因为他付出了爱。这就是后文我们会讨论到不被人需要的爱，比如对亚伯拉罕·林肯的爱。

"关切型"及需求满足型人际关系的一大特征是满足需求的人在很大程度上是可以替换的。比如，一个年轻的女孩需要有人爱慕，只要能满足这一需求，是谁无关紧要，所有的爱慕者都一样好。对于提供爱和安全感的人也是如此。

对于迫切需要满足匮乏需求的人而言，不受利益、回报、用途、需求的影响，不把他人视为工具，而视为一个独立的人进行观察和审视是很困难的。"天花板"人际关系心理学，即要理解人际关系能达到的最高层次，只有匮乏动机理论作为基础是不够的。

自我中心与自我超越

要描述自我实现者对自我的复杂态度是十分困难和矛盾的。一方面，自我实现者的自我力量已经达到了顶峰；但另一方面，用安吉亚尔的话（6）说，自我实现者更倾向于以问题为中心，在活动过程中更忘我、更自然，行为更统一。这些人在观察、行动、欣赏、创造的过程中更专注、更综合、更彻底，也更纯粹。

匮乏需求越多的人，越难做到以世界为中心，放下自我意识，不以自我为中心，不以需求满足为目标。成长动机越强烈的人，在客观现实中越以问题为中心，越容易放下自我。

人际心理治疗与个体心理学

寻求心理治疗的患者的一个主要特征是过去或现在的某项匮乏需求未得到满足。神经症可以视为一种匮乏疾病，因为这类疾病可以通过满足某项需求或帮助患者获得满足来实现治愈。由于这种满足需要他人来提供，因此普通心理疗法必然是人际心理疗法。

但这一事实被过度普遍化了。的确，那些匮乏需求得到满足的人和那些成长动机型的人内心也会有冲突、不悦、焦虑、困惑。在这些情形下，他们也会倾向于寻求帮助，也非常可能寻求人际心理疗法。但不要忽略一点，那就是成长动机型的人更多时候会通过内心的冥思，比如自我追问，来解决问题和冲突，而不是向他人寻求帮助。从原则上讲，自我实现的许多任务都是主要靠个人来完成的，比如制订计划、发现自我，挖掘并发展自己的潜能以及人生观的建设。

人格完善理论必须为自我完善、自我发现、思考、冥想保留一

31

席之地。在成长的后期，一个人只能依靠自己独立完成自身的成长。奥斯瓦尔德·施瓦茨（Oswald Schwarz, 151）将健康人的心理发展和完善称为心理学。如果心理疗法是为了让心理不健康者祛除患病症状、恢复健康，那么心理学处理的则是心理疗法以外的问题，即让无心理疾病的人保持心理健康。罗杰斯（142）提到，心理疗法使用得当，能够让患者的维洛比成熟量表（The Willoughby Maturity Scale）平均得分从 25% 提升到 50%。我的问题是：谁能将其成绩提升至 75% 甚至 100%？我是不是需要新的原则和技术来实现这一目标呢？

工具性学习与人格改变

我国的所谓学习理论几乎全都是建立在需求动机之上的，其目标物通常都是外部事物，即学习满足某一需求的最佳方法。基于此，以及一些其他原因，我们的学习心理学只是一些有限的知识，只在有限的生活层面发挥效用，只有那些"学习理论家"对此真正感兴趣。

但这些理论对于解决成长和自我实现中的问题毫无帮助，因为成长和自我实现很少需要不断地从外界获取匮乏动机的满足，且联想学习及渠道化（canalization）学习让位于知觉学习（123），让位于洞见和理解的增长，让位于自我认知的增长以及人格的稳步发展——内心的不断整合、统一、一致。改变不只是习惯的习得或一个个联系的实现，而是一个人整体的变化，即变成一个新的人，而不是同一个人习得了一个个新习惯，就像获得了外在财产一般。

这种性格变化导向型的转变意味着个体转变成非常复杂、高度整合、完型的人，同时意味着外界的影响越来越弱，因为此人变得越来越稳定，越来越自主。

我从受试者那里听得最多的是，人生中的一次经历，比如不幸、死亡、创伤、皈依、顿悟，会迫使其改变自己的人生观，从而改变其所有的行为（当然，所谓"走出"不幸，或顿悟，需要经历比较长的一段时间，但这些都不是联想学习）。

发展到一定阶段，成长能够剥离一个人内心的拘束和限制，允许他做"自己"，自发地向外"辐射"行为，而不是重复某些行为。他允许自己的本性得到表达，到了这个程度他的自我实现行为不再是习得行为，而是创造性的自我表达，而不是因环境所迫而做出的应对行为。（97，第180页）

基于匮乏动机与基于成长动机的感知

也许最后会证明两者的最大区别是，匮乏需求得到满足者更接近存在状态（Being）（163）。"存在"这一模糊的哲学领域心理学家还未涉足，尽管对这一领域知之不多，但毫无疑问，其心理学的现实基础是存在的。如今，我们可以通过研究自我实现者来验证我们的一些基本洞见，虽然这些洞见对哲学家而言并无新意，但对心理学家而言却是新的发现。

比如，我认为如果仔细研究基于需求动机和基于非需求动机，或者说无欲求动机的感知差异，对于理解感知及感知到的世界将有很大助益。基于非需求动机的感知会更详细、更具象、无倾向性，观察者能更轻松地看到被观察对象的本质特性。此类感知者可以同时感知到对立、二元、极端、矛盾及不相融的情况（97，第232页）。而发展不充分的人，就如同生活在亚里士多德的世界里一般，对他们而言阶层和概念都有着明确的界限，相互不兼容。

比如男—女，自私—无私，成人—小孩，善—恶，好—坏，都是截然分开、互不相融的。按照亚里士多德的逻辑，A 就是 A，其他的皆是非 A，二者绝不相融。但对于自我实现者而言，A 与非 A 是相互渗透的一个整体，一个人既有善的一面，也有恶的一面；既有男性的一面，也有女性的一面；既有成人的一面，也有孩童的一面。我们不能将一个立体的人简单地视为一个平面连续线段，从而只能看到其抽象的一面。

当我们基于需求动机进行感知时，我们或许对此毫无察觉，但别人用这种方式感知我们的时候，我们一定会有所察觉。比如我们被他人视为金钱提供者、食物供给者、安全感提供者、可依赖者，或一个服务员、仆人等类似情况时，即被别人用来满足需求时，我们会十分厌恶。我们希望别人将我们视为一个完整的人，将我们视为我们自己，不喜欢别人将我们视为有用的物件或工具，我们不喜欢被"利用"。

通常情况下，自我实现者不需要从别人身上挖掘出能满足其需求的品质，也不需要视他人为工具，因此他们在对待他人时，更容易采取不评判、不评论、不干涉、不谴责的态度，对他人无求，"无选择意识"（85）。这使其能更深刻地感知对方，从而更好地理解对方。这种不介入、冷静、客观的感知是外科医生和心理治疗师都在努力达到的状态，但对于自我实现者而言他们不需刻意就能做到。

特别是当被感知物体或人的结构不是那么直观，而是比较微妙时，这两种感知方式的差异尤其明显。此时，需要感知者尊重被感知对象的本质。此时，必须用温和、细腻、亲和、无所求的方式进行感知，就像水渗进缝隙里一样，不争不抢。而基于需求动机的感知则是以强势、干预、利用、刻意的方式进行，就像屠户在案板上切肉一般。

感知世界的本质，最有效的方式是接纳一切而不是主动选择，因为世界的本质是由被感知对象自身的内在结构而不是感知者自身的性质决定的。以超然、道家式的、被动、不干预的方式，同时感知具象事物的各个维度，类似于美学体验和神秘体验。这些体验的要点是相同的：我们看到的是真实具象的世界，还是自己的条条框框、抽象观念、目的及期待在现实世界中的投射？或者，说得更直白一些，我们到底有没有看见真实的世界？还是说，我们其实都是盲人？

需求型的爱与非需求型的爱

常规的研究显示，比如鲍尔比（Bowlby，17）、斯皮茨（Spitz，159）和利维（Levy，91）所研究的爱是一种匮乏需求，是需要填充的空洞，需要用爱去浇灌的空虚。如果得不到满足，就会导致严重的心理病态；如果能在恰当的时间，以恰当的方式和剂量予以补充，病态可以得到纠正。如果该需求只得到中等程度的满足，则会出现中等程度的病态和健康。如果病势不太严重，且在早期就得到及时治疗，则心理替代疗法能够彻底治愈该疾病。换言之，这种"爱的饥渴症"，在某些情况下可以通过满足致病的匮乏需求得到治愈。爱的饥渴症就同缺盐或缺维生素一样是一种匮乏性疾病。

对于健康人而言，由于没有这样的匮乏，对爱的需求并不多，少量、稳定的维持剂量就足够。他甚至可以在一段时间内不需要爱。但如果只为了满足需求而给予爱，就会出现一个矛盾：爱的需求得到满足之后，该需求就会消失，这就意味着那个给予爱的人恰恰是不应该给予和得到爱的人！但临床研究显示，那些更健康的人，因为爱的需求已经得到满足，需要的爱不多，但能给予他人更多的爱。从这个角度上讲，他们是更有爱心的人。

这一研究结论暴露出常规（基于匮乏需求）动机理论的不足，同时也反映出发展"元动机理论"（或成长动机或自我实现动机理论）的必要性。

前面（97），我初步描述了 B 型爱［爱别人的本性（Being），无需求型的爱，无私的爱］及 D 型爱（基于匮乏需求的爱，需求型的爱，自私的爱）之间的动力差异。现在我将对比这两种类型的人，以阐释上面提到的几项普遍结论。

1. B 型爱是有意识的爱，完全受欢迎的爱，因为这种爱不以占有为目的，是基于欣赏而不是需求。这种爱不会给双方带来麻烦，基本上总是令人愉悦的。

2. 这种爱永远不会饱和；会让人一直乐于享受。这种爱会越来越强烈而不会消失。本质上是令人愉悦的。这种爱就是目的而非手段。

3. B 型爱通常与美学体验或神秘体验相通。（见第六章和第七章"高峰体验"以及第 104 条参考文献。）

4. B 型爱的心理疗愈效果是深层而全面的，其特征近似于一位健康的母亲对其婴儿的爱，或者神秘体验者所描绘的其对上帝的爱（69，36）。

5. 毫无疑问，B 型爱比 D 型爱更丰富，"更高级"，更有价值，更主观。（所有的 B 型爱者最初也体验过 D 型爱）。我的年长一些、更普通一些的受试者也偏爱前者。他们中很多人，能同时体验到这两种爱——其比例组合各不相同。

6. D 型爱可以得到满足，但"满足"这个概念不适用于对他人的欣赏和爱。

7. 在 B 型爱中极少会有焦虑—敌意的情感体验，甚至可以说不存在这种情绪。当然，爱人者可能会为被爱者感到焦虑。而在 D 型爱中，总会存在一定程度的焦虑—敌意。

8. B 型爱人之间相互更加独立，更自主，更少感到嫉妒和威胁，更少感到有所求，更个性化，更超然，但同时更乐于帮助他人自我实现，更容易因为他人的成绩感到骄傲，更利他，更慷慨，更润物无声。

9. B 型爱能让人更深刻、最真实地感知他人。这种爱既是一种认知也是一种情感意动反应，正如我已经强调的那样（97，第257页）。这一点让人印象深刻，一些人后来的经历也证明了这一点。我不赞同"爱使人盲目"的老生常谈，而是越来越倾向于相反的说法，即"无爱使人盲目"。

10. 最后，我可以说，B 型爱以深刻但不着痕迹的方式塑造其对象。这种爱为他塑造了一个自我形象，帮助他自我接受，给予他一种值得爱以及值得尊敬的感觉，这些推动着他不断成长。没有这种爱，一个人能否获得全面发展还真是一个问题。

第四章　自我防御与成长

本章将更加系统地阐述成长理论。一旦我们接受了成长的概念，随之就会产生很多细节问题。比如，成长是如何发生的？为什么孩子会获得或不能获得成长？他们怎么知道该朝什么方向成长？他们的心理疾病是什么原因触发的？

毕竟，自我实现、成长、自我都属于高层次的抽象概念。我们需要找出更多真实具体的过程、原始数据、具体的生活细节。

不过，这些都是远期目标。健康成长的婴儿和小孩并不是为了远期目标和遥远的未来而活，他们天然地享受着当下。他们一直都在生活着，而不是准备生活。他们是怎么实现自然地活在当下而不是努力成长的？怎样在享受当下的活动的同时一步一步地前进，即朝着健康的方向成长以发现他们真正的自我？我们怎么能将存在（Being）与形成（Becoming）协调起来？成长并非单纯地朝着前方的目标前进，也不仅仅是自我实现或自我发现。对孩子而言，成长不是一个有着具体目标的行为，而是一个自然发生的事件。他无须寻找即可获得。对于成长、即兴活动、创造性而言，匮乏动机的法则、有目的地应对法则，都不再有效。

纯粹存在心理学的一个问题在于偏重静态描述，对运动、方向、成长不予解释。我们倾向于将存在状态，即自我实现状态描绘成完美的涅槃状态，一旦你达到了这一状态，就会永远保持不变，似乎你能做的就是对完美状态保持心满意足。

在我看来，一个简单但令人满意的答案是，当这一步行动比上一步行动令人感到更愉悦，更欢喜，发自内心地更满足时，那么此人就经历了成长。要知道自己的成长方向是否正确，唯一的方法是依赖我们的主观感觉，如果此项选择比任何其他选项都让我们感觉更好，这就是正确的方向。相较于其他外在标准，新的体验才是我们最好的判定标准，因为体验能自证其合理性、有效性。

我们做这项选择，不是基于某种利益考虑，也不是基于心理学家的建议，不是因为别人要求我们这么做，不是为了更长寿，不是基于这对我们这个物种有益，不是因为来自外部的奖励，也不是基于逻辑的正确性。我这样选择的理由，就像我们选择某种甜点而不选其他甜点一样，纯粹是因为我们的体验更好。我以前就提出，人们选择爱人和朋友的基本机制也是如此，即吻这个人比吻其他人会带来更愉悦的体验，与甲交朋友比与乙交朋友会让自己更满意。

通过这种方式，我们了解到自己擅长什么，真正喜欢什么和不喜欢什么，以及自己的品位、判断和能力。总之，通过这种方式，我们发现自我，并回答那个终极问题——我是谁？我是怎样的人？

采取的行动和选择完全是由内而外，即兴发生的。健康的婴儿或孩子是纯粹的生命体，本能地、天然地对外界保持着探索、探究的兴趣，且这种兴趣是随机的。即便没有任何目的，不需要应对外界要求，不需要表达任何内容，不是为了满足普通的匮乏需求，他也会被外界吸引，自发地体验自己的力量，向外探索，努力掌控周遭的环境。探索、掌控、体验、研究、选择、快乐和享受都可以视为纯粹生命体的特质，这些活动会促进其"成长"，尽管是在无计划、无预期的情况下无意中发生的。即兴的创造性体验，确确实实可以在无规划、无预期、无目的的情况下发生。[①] 只有孩子自己感到完全满足，感到无聊之后，才会转向其他——或许"更高级"——的乐趣。

但随之而来的问题是：什么会阻止生命体向外探索？阻碍其成长？冲突在哪里？如果不成长会出现什么后果？为什么有些人的成长特别困难和痛苦？我们必须了解，当匮乏需求没得到满足时，

---

① 但矛盾的是，艺术体验不属于这样的体验。只有不包含我们所谓"目的"的活动才能带来这种体验。只有关于纯粹生命的体验——在完成作为人且需凭借人独有才能方可完成的任务的过程中，完整而强烈地体验生命，发泄其精力，以自己的方式创造美——才是成长体验。而增加的感受力、完整度、效率、幸福感只是副产品（179，第213页）。

会产生强大的牵引和反向引力；我们必须了解安全和保障对人们的巨大吸引力；还要了解人们抵御痛苦、恐惧、失败、威胁的防御和保护机制以及成长所需的巨大勇气。

每个人内心都有两大力量。出于恐惧，一种力量会紧紧地抓住安全和防御，留恋过去，倾向于后退，害怕脱离与母亲子宫、乳房的原始联系，害怕冒险，害怕失去已有之物，害怕独立、自由和分离。另一种力量则推动他向前，帮助他塑造一个完整、独特的自我，完全发挥自己的能力，在面对外在世界时建立起自信，同时完全接纳最深处、最真实的无意识自我。

上述内容可以用一个图式来表示，图式虽然简单，但实践性和理论性都很强。我认为，防御和成长两种力量的对抗，在人性最深处，会永远存在。如果这种对抗如下图所示：

安全感 →－－－－－－< 人 >－－－－－－→ **成长**

这样，我们可以将各种促进成长的机制简单明了地如下分类：

1. 增强成长方向的矢量，例如，使成长更具吸引力，更令人愉悦；

2. 将成长恐惧最小化；

3. 将安全方向的矢量最小化，即降低其吸引力；

4. 将对安全感、防御、病态、后退的恐惧最大化。

这样，我们可以在上面的图示中增加四种条件：

增加危险　　　　　　　　增加吸引力

安全感 →－－－－－－< 人 >－－－－－－→ **成长**

最小化吸引力　　　　　　最小化危险

因此，健康成长可以看作一系列无休止的自由选择。人一生中都不得不在安全和成长、依赖和独立、后退和前进、不成熟和成熟之间做选择。安全感会带来焦虑，也会带来快乐，成长亦是如此。当成长之乐及安全焦虑大于成长焦虑和安全乐趣时，我们就会成长。

至此，这一结论似乎已经是不言自明的真理，但那些竭力做到客观、公开的行为主义心理学家却不这么认为。不仅如此，人们做了许多动物实验，还提出了众多理论假设，才让研究动物动机的学生相信，要准确解释已进行的多项动物自由选择实验的结果，除了需求消减理论之外，还必须引用 P. T. 杨（P. T. Young，185）所提出的"享乐因素"理论。例如，尽管糖精不能消减白鼠的任何需求，但白鼠还是选糖精水而不是白水，这肯定与糖精的（无用的）味道有关。

此外，请注意，任何有机体都有主观的快乐体验。例如，无论是婴儿、成人，还是动物、人类都有这种体验。

由此带来的理论前景让心理学家十分激动。或许，自我、成长、自我实现和心理健康等这些高级概念构成的理论体系，可以用来解释动物食欲实验、婴儿喂养和职业选择中的自由选择实验、丰富的稳态研究实验的结果（27）。

当然，"快乐—导致—成长"这一公式必然让我们做出如下假设：从成长的意义上讲，尝起来不错的东西会"更有利"于我们的成长。这一推论当然是基于我们相信，如果自由选择真的自由，且做选择的人没有疾病，也不害怕做出选择，那么他多半会做出有益健康和成长的明智选择。

这个假设已经得到众多实验证实，但主要是动物实验，尚需对人类进行自由选择的详细研究。我们需要从本质和心理动力两个层面，进一步了解什么原因会导致人做出错误和不明智的选择。

我的系统性思维之所以喜欢这个"快乐—导致—成长"的公式，还有一个原因：我发现，这个理论概念可以和心理动力理论很好地结合，包括弗洛伊德、阿德勒（Adler）、荣格、沙赫特尔、霍妮、弗洛姆和兰克（Rank）等人的心理动力理论，以及罗杰斯、布勒、库姆斯、安吉亚尔、奥尔波特、戈尔茨坦的自我理论和杜威、拉西（Rasey）、凯利（Kelley）、莫斯塔卡斯、威尔逊（Wilson）、珀尔斯（Perls）、李（Lee）、默恩斯（Mearns）等人的成长与存在学派（第118条参考文献是对这些学者很好的介绍）。

我认为经典的弗洛伊德主义者（极端例子）倾向于将一切病态化，对人健康发展的可能性看得不够清晰，戴着棕色眼镜看待一切。但是成长学派（极端例子）也同样存在弱点，因为他们常常戴着玫瑰色眼镜看待事物，总是对病态、弱点和成长失败等问题语焉不详。前者如同只谈邪恶和罪恶的神学，后者则是不谈邪恶的神学，因此二者都是错误的，都与事实不符。

安全和成长之间还有一层关系必须提及。看起来，成长总是小步向前；只有在感觉安全时，在有安全的母港情况下，人才会向未知领域探索；在勇敢冒险有路可退时，人才会迈出成长的一步。我们可以用学步小孩离开母亲探索陌生环境作为类比。典型的情况是，小孩紧紧抓住母亲，先用眼睛探索房间；然后离开母亲向外走几步，同时不断确证母亲的保护完好无损；最后，他与母亲的距离越来越远。小孩就是用这种方式探索危险、未知的世界。如果母亲突然消失，小孩就会陷入焦虑，不再对探索世界感兴趣，只希望能重新获得安全保护，甚至还可能失去已有的能力，例如，他可能只敢在地上爬，而不敢走路。

我想，我们可以从这个例子得出一个结论：安全得到保证后，更高级的需要和冲动就会出现，然后再慢慢学会掌握更高级的需要和冲动；一旦失去安全感，就会退回到更基本的需求。这意味着，如果需要在安全感和成长之间做出自由选择，人们会选择安全感。安全需求优于成长需求，这是对前述基本公式的一种扩展。一般而言，只有感到安全，儿童才会健康成长，他的安全需要必须得到满足。不能推着儿童前进，因为未满足的安全需求会一直潜藏在心里，要求得到满足，安全感越充足，其对儿童的影响越小。安全感对儿童的吸引力越小，对他的勇气影响也越小。

那么我们如何知道一个孩子会在什么时候感到足够安全并愿意向前迈出新的一步？唯一的方法，就是看他的选择，也就是说，他自己才知道什么时候该迈出前进的步伐——当前进的吸引力大于后退的吸引力时，当勇气大于恐惧时。

最终，人，甚至儿童，都必须为自己选择。别人不能频繁地替他选择，因为这样会使他变得无能，失去自信，削弱他体验内在快乐、冲动、判断和感觉的能力；让他难以区分哪些是自己的感受，哪些是被内化的外在标准。①

---

① "从他拿到那个盒子的那一刻起，他感觉自己可以自由地摆弄它——打开盒子，猜测里面有些什么东西，辨认其功能，表达自己的欢喜或失望，注意到里面的东西的排列方式，找到一本使用手册，触摸钢铁组件，掂量各个组件的重量，清点组件的数量，等等。他做完这一切，再想想拿这个包裹干点什么。接下来，他想到了要用这个包裹做点什么，于是感到十分兴奋，也许他只是将一个组件与另一个组件拼接起来，但这让他感觉自己能够用这个东西做点什么，而不是拿这个东西毫无办法。无论后来完成的组装模型是什么，无论他是否兴致勃勃地完成了全部组件的拼装，进而获得更大的成就感，还是完全将这个建筑设备玩具套装扔在一边，他与这组零件的初步接触都是有意义的。

"积极体验的结果可以总结如下：身体、情感、智力自我参与；对自己能力的认识和进一步探知；启动了活动和创造的欲望；找到自己的节奏，如果这些说法都是正确的，如果一个孩子需要自己做出成长选择，而且只有他自己才知道哪些是令他快乐的体验，那么怎样协调完全信任其内心判断的必要性与周遭环境予以他帮助的必要性呢？因为他的确需要帮助。没有外界的帮助，他会因太恐惧而不敢成长。我们怎么才能帮助他成长呢？同样重要的一个问题是，我们怎么做才不会危及他的成长？

　　对于一个孩子而言，主观快乐体验（信任他自己）的反面是他人的意见（爱、尊重、赞同、欣赏、来自他人的褒奖，更信任他人而不是自己）。对于无助的婴儿和孩童而言，他人的帮助至关重要，因此害怕失去他们（安全感、食物、爱、尊重等的提供者）

（接上页）学会估摸自己在某个特定时间段完成一项任务的能力限度，这样就让他学会不要一次性地给自己规定超量任务；获得了可转移到其他任务上的技能，以及获得了主动完成一项任务的机会，从而发现自己真正的兴趣所在。

　　"再看看另外一番场景：一个人带着一套建筑设备玩具回到家，对孩子说道：'这是一个建筑设备玩具套装，让我帮你打开。'他将其打开，然后将盒子里的所有东西，包括使用手册、各种组件一一指给孩子看。更绝的是，他开始组装最难的一个建筑设备模型，比如，一架起重机。小孩也许会兴致勃勃地观看家长做的这一切，但让我们重点关注一下实际情况的一个方面——小孩没有机会亲自摆弄这个玩具，他的身体、他的智力或他的感情都没有参与其中。他没有机会看看自己能否完成一项新的任务，以便发现自己的真正才能或兴趣。家长给孩子拼装起重机，可能会让孩子在不知不觉中学会一点：再遇到这样复杂的任务时，他还是像这次一样做，因为他从来没有机会为完成这样复杂的任务做准备。这次活动的结果是他得到了一个物体，而这次活动原本的目标是让他体验组装玩具的过程。而且，无论他后来做了什么，他完成的结果都会比别人为他组装的玩具差。他从这次活动中没有获得任何让他下次能够运用的经验——他的整体经验没有增加。换言之，他的内在没有获得成长，只是从外在强加了一些东西。每一次的主动探索，都是他发现自己喜欢和不喜欢什么的机会。这是他走向成熟和发现自我的重要内容。"（186，第179页）

是一种巨大的原始恐惧。因此，孩童如果被迫在自己的快乐体验和他人的赞同二者之间做出选择，他通常不得不选择后者，然后通过压抑、绞杀、忽视或意志力掌控的方式来处理自己的快乐。通常，他会逐渐认为，快乐体验是不正确的、可耻的、令人尴尬的事情，需要偷偷摸摸地进行，最后，完全失去体验快乐的能力。①

---

① "一个人怎么可能失去自我？"但这种不为人知、不可思议的自我背叛，在我们还是孩子时，自我隐秘的心理死亡发生的那一刻起——当我们不再被爱以及我们与自己的自发愿望切断时——就开始了。（想象一下，我们还剩下什么？）请等一等——受害人甚至可能会"因为年龄增加而慢慢克服"失去自我的问题——但这其实是一场双重犯罪，而不只是简单的心理谋杀。心理谋杀的影响也许最终会被抹去，自我虽然弱小，但会慢慢地、不知不觉地形成。更糟糕的情况是，别人不接纳他真实的一面。"哦，他们爱他，但他们希望他或强迫他或期待他成为另外一副模样！"因此，他真实的自己是不可接受的。他弄明白了这一点，而且对此也深信不疑，当他对此习以为常之后，他就完全放弃了自我。此时，无论他是服从、依赖、反抗他们，抑或将自己封闭起来——他的行为、表现十分关键——但他这些行为、表现的核心动力源自"他们"，而非他自己。即便他意识到了这一点，他也觉得这很自然，整个事情没什么不妥之处，一切都在无形之中自动、匿名地进行！

"这简直是完美的悖论。一切都看起来很正常；没有人刻意要犯罪；没有尸体，没有悔恨。我们能看到的，是太阳照样升起和落下。但真实的情况是，他被抛弃了，不仅仅被他们，还被他自己！（事实上，他是没有自我的人。）他失去了什么？他最真实和最核心的部分：良好的自我感受。而这是他赖以成长的能力，他的根基所在。哦，天，他并没有死去，'生活'照常进行，而他也必须如此。从他放弃自我的那一刻，到他确实那么做，在不知不觉中他开始塑造和维持一个虚假的自我。但这只是权宜之计——这是一个没有任何希望的"自我"。这一自我所展示的与真实的自我相反：展示的是可爱（或可怕），其真实却是可鄙；展示的是坚强，真实却是懦弱；所作所为（哦，其实只是表演！）不是为了快乐而只是为了生存；不是因为他需要这些行动，而是不得不屈从。这不是生活所需——不是他的生活——只是一种死亡防御机制。这也是死亡机器。从此，他将人生交叉路口上的第一个重要选择是：要自己还是他人的自我？如果要保持自我就必须放弃他人，那么一般的孩童都会放弃自我。其原因已经在前文阐明，即安全感是孩童最基本和核心的需求，比独立和自我实现更加必要。如果成年人强迫孩童在失去一个重要的（低级）需求与另一个重要的（高级）需求之间做出选择，孩童一定会选择安全感，即便这意味着放弃自我和成长。

　　（原则上，没有必要强迫孩童做这样的选择。很多时候，人们完全是因为自己心理异常和无知，才会强迫孩童做这种选择。因为我们有足够的例子证明，孩子们可以同时得到这两者，并不需要牺牲其一。他们可以同时得到安全感、爱与尊重。）

　　要做到这一点，我们可以从心理治疗、创造性教育、创造性美术教育，以及创造性舞蹈教育中借鉴到不少经验。这些情景都创造出宽容、欣赏、赞扬、接纳、安全、满足、放松、支持、无威胁、无评价、无比较的氛围。处在这样的环境中，一个人会感觉非常安全，这为他表达不那么快乐的情绪——比如敌意、病态依恋等——提供了一个很好的环境。当这些情绪都得到宣泄之后，他就能自发地寻求外人看来"更高级"或有助于成长的快乐，比如爱、创造等。一旦他体验过这两种快乐之后，通过与以前的快乐体验相比，他会更喜欢后者。（治疗师、教师、帮助者等人持什么心理学理论无关紧要。一个信奉悲观的弗洛伊德理论的治疗师，在实际治疗过程中，采取了成长心理学理论提出的治疗手段；嘴上

（接上页）被强迫（无意识）需求或（无意识）冲突撕扯，陷入无力状态。每一次行动，每分每秒，都在消磨他的存在性、他的完整性；而在整个过程中，他一直假装自己是一个正常人，并希望表现得像正常人一样！

　　"总之，我观察到，我们变得神经质，或努力维护一个假的自我、自我体系；我们心理变态到完全没有自我。"（7，第3页）

相信人性本善的老师，在实际教学中却完全理解并尊重人们内心的防御和后退需求；信奉现实和综合哲学理念的人在实践过程中，在治疗、教育、抚养过程中，却背弃自己的哲学理念，这也是可能的。只有对恐惧和防御怀有尊重的人才能教育他人；只有尊重健康的人才能进行心理治疗。）

这类情景存在一个悖论：即使是一些"糟糕"的选择，对神经质的选择者而言，也会在很大程度上实实在在地对他们"有益处"，或至少从他自己的心理动力而言，是可以理解，甚至是必需的。我们知道，如果强行消除其神经官能症，或通过直接对抗、心理分析、高压的环境破坏其防御机制，将其内心的痛楚暴露出来，会彻底毁掉这个人。这就涉及成长的节奏问题。如果要让成长看起来不是可怕的危险的，有快乐的前景，优秀的父母、教育家、治疗师在教育或治疗过程中处理恐惧时，要尽量秉持温和、尊重的态度，要理解防御机制和后退的力量都是非常自然的。这意味着，他们知道，只有安全感得到保障之后，一个人才会成长。他们应该知道，如果一个人的防御心很重，那一定是有原因的，即便他们知道孩子"应该"怎么走，他们也愿意理解并耐心地等待。

从发展的角度看，所有选择最终都是明智的，如果我们承认智慧分为两种：防御和成长（关于第三种"智慧"，即健康的退行，参考第十二章）。防御可以和勇往直前一样明智，取决于具体的人及其所处的具体环境和状态。如果选择安全感能够帮助一个人避免自己不能承受的痛苦，那么这个选择就是明智的。如果我们希望帮助他成长（因为我们知道，从长远看，如果他一直选择安全感的话，会给他带来灾难，会让他失去原本可以获得快乐的机会），那么我们只能在他因为不堪忍受而主动寻求我们帮助时，给予他帮助；或者一面允许他选择安全感，一面不断激励他尝试新体验而获得成长，就像一位母亲张开双臂鼓励宝宝朝她走去。我们不能强迫他成长，只能哄劝他，相信只要他有了新的体验，他就会更喜欢新的体验。除非他自己喜欢，否则谁也不能替他喜欢新体验。如果接纳新的体验，那他一定是喜欢的；如果不接纳，我们必须大方地承认，他现在还没有准备好。

这意味着，就成长过程而言，心理不健康的孩子必须像健康的孩子那样得到尊重。只有他的恐惧得到尊重，他才会大胆地行动。我们必须懂得，黑暗的力量和成长的力量是一样"正常"的。

这是一个非常棘手的问题，因为这意味着，一方面我们知道什么对他最好（既然我们会诱导他朝着我们选定的一个方向前进），另一方面，只有他自己知道从长远看什么对他才是最好的。这就要求我们只能引导，不能强迫。我们不但要做好充分的准备，还要召唤他向前，尊重他选择后退、舔舐伤口、恢复力量，从安全的视角重新审视整个场景，甚至允许他退回去重拾"更低级"的快乐，以获得重新出发的勇气。

这时候，他也需要一位"帮助者"。这位"帮助者"不只是帮助健康的孩子获得可能的成长（在孩子需要的时候"提供"帮助），然后在其他时候退到一边，更重要的是，帮助那个"深陷"固定、僵化的防御和安全措施中，从而切断了任何成长可能性的人。患有神经症的人有自我强化的倾向，而性格结构也是如此。我们要么等生活来证明其神经系统是有问题的，即让他最终陷入神经症带来的痛苦中；要么我们尊重他的匮乏需求和成长需求，理解他并帮助他成长。

这相当于道家"顺其自然"的修订版。道家倡导的"顺其自然"观，通常来说是无效的，因为成长中的孩童需要他人的帮助，因此可以修订为"有帮助的顺其自然"，爱和尊重正是道家倡导的核心理念。该理念不仅强调成长以及推动其朝着正确方向成长的机制发展，还强调尊重对成长的恐惧、缓慢的成长节奏、对成长的抵抗、病态的神经机制、不愿成长的种种理由。此观念强调外在环境的重要性及益处，却不承认外界环境的掌控地位；此观念强调通过理解内心成长的机制以及帮助孩童内心成长的意愿来促进孩童的成长，而不是抱着希望或乐观的态度被动等待他们成长。

至此，上述内容可与我在《动机与人格》一书中提出的普通动机力量联系起来，特别是与需求满足理论联系起来。在我看来，后者是健康人发展所遵循的最重要原则。将人类各种动机联系在一起的整体性原则是，当低层次需求得到充分的满足之后，就会出现新的更高级需求。一个儿童如果十分幸运地正常成长，在他的快乐得到了充分满足之后，会出于厌倦而迫切（不需要外界推动）地寻求更高级、更复杂的乐趣，因为他可以在没有危险和威胁的前提下，渐渐体验到这些乐趣。

此原则不仅体现在孩童的深层动机动力学中，也同样体现在更简单的一些细微发展中，比如阅读、轮滑、画画或跳舞。学会使用一些简单的词语会让一个孩子感到巨大的快乐，但他并不会因此而停步。在恰当的环境中，他会自发地希望学更多的新词语、更长的单词、更复杂的句子，等等。如果他被迫停在简单词语层面，他会感到无聊、不安，他希望朝前走，渴望成长。只有在遇到挫折、失败、不赞同和嘲笑时，他才会停滞不前或退步，这时我们就会面对复杂的病态动力及神经方面的问题。这种情况下，儿童的成长冲动还在，但难以实现，甚至也可能失去成长的冲动和能力。[①]

---

① 我认为，此普遍原则也适用于弗洛伊德理论中力比多的发展过程。处于口欲期的婴儿，通过嘴能获得最大的快乐。而一件被忽略的事情是"掌控"。我们应该记住，婴儿最擅长的是吮吸，而对于其他的活动，他不会

这样，在需求层级之外，我们又增加了一个主观考察工具。这个工具引领并指导个体朝着"健康"的方向成长，而这个原则对所有年龄的人都适用。即使在成年期，重新发现自己的乐趣也是重新发现被牺牲掉的自我的最佳途径。心理治疗能帮助成年人认识到，这种寻求他人认同的幼稚（压抑）的需要已不再以幼稚的形式和程度存在了，同时，失去他人的恐惧及随之产生的软弱、无力、被抛弃的恐惧也不如小时候那么现实和合理了。对成年人而言，其他人不再像孩童期时那么重要了。

　　我们的最终配方包括以下元素：

　　1. 健康的儿童，基于内心的兴趣，作为对自己生命力的自发的反应，怀着好奇和兴趣，向外探索，并展现自己拥有的一切技能。

　　2. 在他不受恐惧侵扰的范围内，在他敢于冒险的安全范围内。

　　（接上页）做，更不擅长。我想，如果这是自信（掌控感）的最早反应的话，那这是婴儿唯一能够体验得到掌控快乐（效率、控制、自我表达、自我意志）的体验。

　　但他很快就开发出其他的掌控能力了。这里，我不仅仅是指肛门掌控，虽然这没错，但我认为肛门控制有点夸大了。在所谓的"肛门"期，儿童的运动、感觉能力都得到了发展，这给他带来了掌控的快乐。但重要的一点是，口欲期的婴儿已经完全学会了掌控自己的嘴，开始觉得玩弄自己的嘴没有乐趣了，就像他一开始讨厌只喝母乳一样。在有自由选择的情形下，他开始放弃母乳，尝试更复杂的活动和口味，或者至少在母乳的基础上再增加一些"更高级"的发展。在得到充分满足，可以自由选择的情况下，他会慢慢从口欲期中蜕变"长大"，自己放弃这一爱好。并不像有些理论所暗示的那样，需要被"踢着更上一层楼"，或者说被迫成熟。他选择发展更高的乐趣，对旧乐趣逐渐感到厌倦。只在遇到危险、威胁、阻碍、压力的时候，他才会后退或止步不前；只有在这种时候，他才会选择安全感而不是成长。当然，克己、延迟满足以及承受挫折的能力也是一个人积聚内心力量所必需的，没有节制的满足是危险的。但相较之下，还是充分满足基本需求更为重要。

3. 在这个过程中，他偶然地发现那些能给他带来乐趣的事物，或者通过其他人帮助自己找到快乐体验的事物。

4. 他必须感到足够安全、自我认同，才能选择自己的乐趣，而不是要压抑自己不去享受这些乐趣。

5. 如果他能选择这些确确实实给他快乐的体验，那么他可以重复这些体验，直到最后完全满足而感到厌倦为止。

6. 至此，他表现出探索同一领域内更复杂、更丰富的任务和体验的倾向（同样，他必须感到足够安全）。

7. 这样的体验不只意味着朝前发展，也是对自我确定（我喜欢这个；我肯定不喜欢那个）、掌控、信任、自尊的一个反馈。

8. 生活中永无停息的系列选择大致可以分成两类：安全（或者更宽泛地说，防御型）和成长。既然拥有安全感的儿童不再需求安全感，我们可以相信他会选择成长。只有这样的儿童才敢于冒险。

9. 为了让选择符合本性并发展其本性，儿童必须有以自己主观感觉快乐和厌烦体验作为其选择标准的权利。另外一个标准，则是以他人喜好作为选择标准，而这时儿童就失去了自我；同时，他只剩下安全感这一选择，因为孩子害怕（失去保护、爱等），他放弃了对自己的快乐标准的信任。

10. 如果真的可以自由选择，如果没有遭到荼毒，我们通常会预期儿童选择朝前走。①

---

① 一个人如果尽力说服自己没有得到满足的基本需求已经得到了满足，或这些需求根本不存在，他通常会发展出一个虚假的自我。他会朝着更高的需求发展，但最终，这些高级需求都是建立在不稳定基础上的。我把这种行为称为"跳过未满足需求的虚假成长"。没有得到满足的基本需求会作为一种无意识力量（重复强迫症）永远存在。

11. 证据显示，能让一个健康儿童感到快乐、尝起来美味的东西，多数情况下也是旁人认为从长远来看对他"最好"的东西。

12. 在这个过程中，环境（父母、治疗师、老师）在很多方面都是很重要的，尽管最终的选择必须由儿童自己来做。

（a）环境能满足他对安全感、归属感、爱、尊重的基本需求，让他感到没有威胁，能自主地对外界感到好奇，从而自发地探索未知事物。

（b）环境能让成长选择更正面，更有吸引力，不那么危险，也能让后退选择的吸引力降低、成本更高。

13. 这样，存在（Being）心理学和形成（Becoming）心理学可以实现调和，儿童只需要做自己就可以前进和成长。

第五章　认知的需求与认知恐惧

认知恐惧：规避认知——认知的痛苦与危险

在我们看来，弗洛伊德理论最大的发现是，很多心理疾病的根源是对自我认知的恐惧——对自己的情感、冲动、记忆、能力、潜力、命运的恐惧。我们发现，对自我认知的恐惧很多时候与对外界的恐惧是同构的、平行的。换言之，一个人内心的问题与其外在问题在深层次上是相同或相关的。因此，我们笼统地称其为认知恐惧，而不将内心的恐惧和对外界的恐惧截然分开。

通常来说，这样的恐惧是防御性的，是为了保护我们的自尊、爱及对自己的尊重。凡是让我们鄙视自己，或让我们感觉自卑、软弱、无价值、恶毒、羞耻的认知，我们都感到害怕。为了维护我们的理想形象，我们会采取压抑或类似的防御机制，这与我们为了避免意识到不好或危险的真相所用的技巧相同。用心理治疗术语来说，拒绝治疗师帮助我们看清痛苦真相的心理活动被称为"抵抗"。治疗师的所有技巧，都是以一种或多种方式向病人揭示真相，或者让他更坚强，能够有勇气面对真相。（对自己百分百地坦诚是一个人能做的最好的事情了。——弗洛伊德）

但还有一种真相，我们倾向于逃避。我们不仅紧抓住我们的心理病态不放，我们还倾向于规避个人成长，因为这会给我们带来另外一种恐惧、震撼、无力、不合时宜的感觉（31）。因此我们发现了另一种抵抗，即否认我们的长处、我们的才能、我们最好的冲动、我们最大的潜能、我们的创造性。简言之，这是和我们的伟大做斗争，是对自大的恐惧。

在其他文化中也存在与我们关于亚当与夏娃及危险的知识树神话类似的故事，这些神话故事都强调终极知识是神的专属。大多数宗教都包含一些反智教义（当然，还有其他教义），都包含对忠诚笃信或者虔诚而不是知识的偏向，或者强调一些知识过于危险，告诫人类最好不要或禁止人类插手，或者只能让极少数特殊的人掌握。在大多数文化中，那些不信神的改革派，因为违反神的旨意泄露了天机，最后都被重罚，如亚当与夏娃、普罗米修斯、俄狄浦斯，都被当作警示警告其他人不要试图成为神一样的人。

如果我可以用非常简练的话来说，那就是，正是我们近似于神性的部分让我们十分矛盾、着迷、恐惧、小心防护。人的一大困境恰巧在于：我们既是蝼蚁又是神灵。那些伟大的创造者，像神一样的人，已经证明在需要创造的时刻，在需要一个人孤独地坚持新事物（和旧事物相矛盾）的时刻，他会爆发出多大的勇气。这就是勇于冒险、冲锋在前、敢于对抗、不惧挑战的精神。此刻心有恐惧是可以理解的，但必须用勇气来克服，只有如此才能有创新。因此，发现自己的才能既让人振奋，也让人害怕承担作为一个领导者所要面临的孤独和责任。责任可能被视为一种巨大的重担，只要能避免承担，都会尽力避免。举例来说，被选为总统的人，他们就曾提到，自己在承担总统职责时，情感非常复杂，这种情感是敬畏、谦逊，甚至恐惧的复合体。

几个标准的临床心理治疗的案例也能让我们对此有所了解。首先是在女性患者中常见的情况（131）。很多聪明的女人在无意识中将智力与男性化等同起来，并因此感到困惑。调查、研究、好奇、敢于下断言、发现，这些都让她觉得有损自己女性化的特质——特别是当她的丈夫因为自己的男性化程度不凸显，而感到受威胁的时候。很多文化和宗教都不允许女性学习和研究，我感觉其中的一个动机是为了让她们保持"女性化"（从施虐的意义层面上讲）；比如，女人不能做牧师或阿訇（103）。

胆小的男人也许还认为，好奇与探索在某种程度上是对他人的挑战。一个人如果很聪明，并积极寻求真理，那他一定是敢于发表自己见解的，但他不能为某些见解找到有力支撑，这就可能会招致更强、更年长男性的愤怒攻击。同样，很多儿童也可能会认为好奇与探索是对他们神灵（无所不能的成年人）特权的侵犯。当然，更多成年人也持这种观点。他们通常认为儿童一刻不停的好奇打探令人心烦，有时甚至是威胁和危险，尤其是在涉及性问题时；能赞赏、鼓励儿童好奇心的父母现在仍然十分少见。在被剥削压迫的弱小民族或奴隶中也能见到类似情况。他害怕知道太多，不敢自由探索，因为那样做可能会激怒他的主人。在这群人中，假装愚昧是很常见的。无论如何，压迫者或暴君基于当时的环境需要，是不太可能鼓励其手下保有好奇心、积极学习、掌握知识的。

压迫者和被压迫者都被迫认为，知识不是一个十足乖巧、适应良好的奴隶应该拥有的东西。在这样的环境下，知识是十分危险的。从属、弱小、低自尊的社会地位限制了学习的需求。大胆直视是猴群首领建立自己领导地位的主要技巧（103），而处于从属地位的猴子习惯性地会避开首领的目光。

糟糕的是，甚至在教室里也会出现这种情形。那些真正聪明的学生喜欢发问、探索——特别是比他的老师要聪明的时候，他们常常会被视为"自作聪明的人"，是对纪律的威胁，对教师权威的挑战。

这种"认知"在无意识中可能意味着统治、掌控，甚至轻蔑。有窥视癖的人在偷窥裸体女人时，感觉自己掌控着那个女人，自己是在用眼睛进行强奸，就是这个道理。从这个意义上讲，大多数男人都有窥视癖，他们大胆直视女人，用自己的眼睛脱光她们的衣服。圣经在使用"认知"这个词时，将其与性"认知"等同，这是此隐喻的另一个用法。

在无意识层面上，认知就像男性性器官一样，是一种入侵、刺探，能帮助我们理解一些古老而复杂的情感：儿童窥视秘密、未知事物的心理，女人对于女性特质与大胆求知之间的矛盾心理，下人觉得只有其主人才有知道的特权，宗教人士因知晓某事会侵犯神的权限而感到恐惧。认知是危险的，应该被憎恨。认知可以是一种自我肯定的行为。

为了减轻焦虑和促进成长的认知

目前为止，我一直谈论的是为了认知和理解本身的乐趣和原始满足而进行探索的需求。这种探索让人变得更强大，更睿智，更丰富，更坚强，更成熟，更完善，既代表着其个人潜力的实现，也代表着人类所具潜能的实现。在这种情况下，人的发展，就像花朵毫无阻碍地绽放；就像鸟儿自由自在地歌唱；就像苹果树无须努力、无须奋斗就能长出苹果，因为这只是其内在本性的表达。

但我们也知道，好奇和探索是比安全感"更高级"的需求。换言之，对安全、无忧、无惧的需求是比好奇更基础和强烈的需求。这一点在猴子和人类儿童身上都可以直接观察到。身处陌生环境的儿童会习惯性地紧靠在母亲身上，而后才敢慢慢地离开母亲的怀抱，鼓起勇气去探索周遭的事物。如果母亲消失，他会感到恐惧，好奇心也就消失了。安全感恢复后，才会恢复好奇心。只在有安全的港湾时，儿童才会探索。哈洛（Harlow）研究的小猴子也是如此。在这个实验中，它们受惊吓时会逃回代母猴身边。抱着代母猴，小猴子们会先四下观察，然后才会冒险探索四周。如果代母猴不在，小猴可能会蜷缩成一团，低声呜咽。哈洛拍摄的连续照片非常清晰地表现了这一点。

而成年人的焦虑和恐惧会表现得非常微妙，隐藏得更深。如果他还没有被焦虑和恐惧压垮，那么他非常有可能会压抑住自己的焦虑和恐惧，甚至在内心拒绝承认自己有焦虑和恐惧，他不"知道"自己心存恐惧。

有很多方法可以应对这种焦虑，其中包括认知。对有些人而言，不熟悉的、模糊的、神秘的、隐秘的、突发的事物会令其感到威胁。要让这些事物变成熟悉的、可预料的、可控的，即不可怕的、无害的事物，一个办法就是认识、理解它们。因此，认知不但能让人成长，还能让人减少焦虑——一种保护性的稳态功能。尽管外在表现也许会非常相似，但因动机非常不同，因此主观结果也会非常不同。举个例子，如果一房主半夜听到楼下传来诡异恐怖的声音，决定拿着手枪下楼查看，最后发现什么也没有，这时候，他放下心来，大呼一口气，焦虑的感觉顿时减少了许多。这与一个青年学生用显微镜第一次看到了肾脏的细微结构，或一个人突然理解了一部交响乐的结构或一篇精妙的诗歌或政治理论的意义时，心中的激动和豁然开朗的感觉是完全不同的。在后一种情形下，人会感到自己变得更充实、聪明、坚强、完善、能干、成功、敏锐。这就像我们的感觉器官变得更有效率了，我们的眼睛突然变得更敏锐，耳朵更通透一般。这就是教育和心理治疗会带来的效果——也是经常发生的真实效果。

这种动机上的辩证统一在最大的人类图景、哲学、宗教、政治和法律结构体系、各类科学，甚至整个人类文化中都能看到。用简单的话说，这些领域都存在着人类同时对安全和认知不同比例的需求。有时，为了减少焦虑，一个人得完全放弃认知需求，全部选择安全需求。而一个没有焦虑感的人会以掌握知识为唯一目的，更大胆、更勇敢地探索和提出理论知识。我们可以合理地推断，后者更有机会接近真相、弄清事物的本质。建立在安全需求基础上的哲学、宗教、科学比建立在成长需求基础上的哲学、宗教或科学更有可能是盲目的。

规避认知以规避责任

焦虑和胆怯不但会压制好奇心和探索欲望，以满足自己的安全需求；同时，缺乏好奇心又是焦虑和恐惧的积极或被动表达。（这与弃用好奇心而产生的熵不同。）这就是说，我们可能为了缓解焦虑而产生求知需求，也可能为了减少焦虑而规避求知。用弗洛伊德的术语来讲，学习困难、假愚昧可能是一种防御机制。知识和行动经常紧密地联系在一起，这是公认的道理。我则更进一步，相信知识和行动通常是同义词，如果从苏格拉底的观点来看，它们甚至是等同的。对于我们完全熟知的事物，我们会采取自动和灵活的行动，在做选择时我们是完全自发的，不会有任何心理冲突。但请参考（32）。

在健康人身上，我们可以看到，在一个高级层次上，他知道什么是正确的，什么是错误的，什么是好的，什么是不好的，并会通过轻松、完整的行为表现出来。但在低幼儿童身上（或者隐藏在成年人心中的儿童身上）这会发生在另一个层次，即这个幼儿将一个想法与相应的真实行动等同起来——心理分析师称之为"思想的全能性"。比如，如果他曾经希望自己的父亲死掉，他的下意识反应会与他真的杀死了父亲后的反应相同。事实上，成人心理治疗的一个功能就是消除这种幼稚的观念，让他不要将幼年期的幼稚想法与真实的行动等同起来，从而消除其愧疚感。

总之，认知与行为的紧密关联让我们认识到，人们之所以害怕了解某些知识，是因为他们不敢采取相应的行动，即害怕认知所带来的后果和责任。通常，人们最好不要去了解知识，因为一旦你有了知识，你不得不采取行动，不得不承担后果。这就要求参与其中，就像有人说："我真高兴自己不喜欢吃牡蛎。如果我喜欢吃的话，我就会吃，而吃牡蛎太麻烦了。"

对于住在达豪集中营附近的德国人而言，不去了解里面发生什么、视而不见并假装愚昧会更加安全。因为如果他们知道集中营里发生的真相，他们要么必须做点什么，要么就会为自己的懦弱感到惭愧。

儿童也会采用同样的技巧，他们否定、拒绝承认别人都能看到的事实：他的父亲是个可悲的胆小鬼，或者他的母亲并不真的爱他。但即便他知道这些，他也无法采取行动，所以他还是不知为妙。

无论如何，我们现在对焦虑和认知有足够的了解，可以驳斥几百年来很多哲学家、心理学家信奉的观点：求知需求是焦虑激发的，且所有求知行动只是为了减轻焦虑。多年来，这一说法似乎是合理的，但我们的动物和儿童实验结果都与此理论的纯粹形式相矛盾。这些实验表明，通常情况下焦虑会扼杀好奇心和探索行为，焦虑与好奇、探索互不兼容——特别是在焦虑极其严重的情况下。只有在安全和无焦虑的情况下，一个人的求知需求才会非常清晰地展现出来。

最近出版的一本书对此进行了很好的总结：

"一个信仰体系的精妙之处在于可以同时服侍两个主人：一方面，该体系可以用来最大限度地理解周遭世界；另一方面，该体系在必要时可以用来抵御周遭世界。我们认为，人并不会选择性地歪曲他们的认知功能以便看到、记住、思考他希望看到、记住和思考的事物；与之相反，人只会在迫不得已时才那么做。尽管事实真相令我们伤心，但我们都有看到事实真相的欲望，虽然有时候这种欲望很强烈，有时候比较微弱。"（146，第400页）

结　语

很明显，要很好地理解求知需求，我们必须将其与求知恐惧、焦虑、安全和稳定需求综合起来考虑。这样一来，我们发现，这是一个辩证统一的关系，同时也是勇气与恐惧之间的斗争。凡是会增加恐惧的心理和社会因素都会消减我们的求知冲动；凡是能给我们勇气、自由和胆量的因素则也会增强我们的求知欲。

第三部分：成长与认知

第六章　高峰体验中的存在认知

下面及后面几章中得出的结论是基于我对大约 80 人的访谈以及 190 名大学生根据下面这个题目所写的文章而得出的一个概略的、理想化的"合成照"。

"请你想想自己一生中最精彩的经历是什么？最快乐、最狂喜、最入迷的时刻是什么？也许是你恋爱时，听音乐或突然被一本书或一幅画"打动"的时刻，或某个创造性时刻。首先，将这些时刻列出来；然后，告诉我在这样的巅峰时刻，你的感觉是什么，你当时的感觉与其他时刻有什么不同，你在那一刻有哪些与你平时的不同之处。"（对于其他采访受试者，问题则是当时的世界与平时的世界有什么不同。）

没有一位受访者的回答囊括了全部症状，我把各位受访者的不完整答案拼凑成一个"完美"的症状。此外，大约 50 人在阅读了我以前发表的论文之后，主动给我写信，报告了他们的高峰体验。最后，我参考了大量神秘主义、宗教、艺术、创意、爱等题材的相关文献。

自我实现者是成熟度、健康度、自我成就很高的人，他们有很多东西可以教给我们，他们有时就像另一种人类一般。但探索人性的最大高度及其终极可能性是一项全新的任务，因此，这是一项艰难的任务。这需要我不断打破过去一直深信不疑的公理，处理各种明显的悖论、矛盾和模糊问题，偶尔还要听闻一些久负盛名，让人深信不疑、看起来牢不可破的心理学定律的坍塌。很多时候，这被证明根本不是心理学定律，而是慢性轻微病态心理和恐惧以及发育不全、残缺、不成熟状态下，人们采取的生存法则而已。因为很多人都有这些症状，因此这些疾病并未引起我们的注意。

和科学理论史上的典型案例一样，大部分新探索在得出科学结论之前，探索者对缺失的内容都感到不满意和不安。比如，我在研究自我实现者的过程中，最先遇到的问题就是虽然我感觉自我实现者的动机生活与他人不同，但具体差异却不十分清楚。所以，我最初认为自我实现者的动机是自我表达而不是应对，但若将此结论视为全部的结论是不正确的。后来，我又提出，自我实现者的动机不是外界激发的，或者说他们是由元动机（超越努力）激发的，但这种说法是否成立，很大程度上取决于你接受哪一种动机理论；这让事情变得更糟而不是更好。在第三章，我将成长动机与匮乏动机进行了对比，这是正确的，但还不够确定，因为这样做并不能将形成（Becoming）与存在（Being）区分开来。本章我会提出一个新的理论（存在心理学），将前三次关于自我实现者与其他人的动机以及认知生活方面的差异的尝试囊括进来，并加以拓展。

我对存在态（暂时的、元动机的、不费力的、非自我中心的、无目的的、自证合理的、终极体验的、完美的、理想的）的分析最初是基于自我实现者的恋爱关系，然后拓展至其他人的恋爱关系，最后也从神学、美学及哲学文献中获取了一些依据。首先，需要对两种爱（B型爱和D型爱）进行区分，第三章对二者的区别进行了描述。

在B型爱中（爱他人或物的存在态），我发现了一种超出我心理学知识范围的特殊认知，但在后来阅读美学、宗教和哲学文献时，我读到了这种认知。我称这种认知为"存在态认知"，或简写成B型认知。这种认知与基于匮乏需求的认知相对照，我将后者称为D型认知。B型爱人能够在其恋爱对象中看到其他人无法看到的事实，即他对恋爱对象的观察更精准和细腻。

本章对B型爱中的基本认知事件——父母的育儿体验、神秘体验、面对大海或大自然时的体验、美学体验、创造性体验、治疗或智力上的洞见、高潮体验、某些类型的运动成就，等等——进行了概括。上述这些及其他极度幸福和成功的体验，我将其统称为高峰体验。

一般而言，心理学关注的都是心理不健康的情形，但本章提出的"积极心理学"（positive psychology）或"正向心理学"（orthopsychology），不只涉及不健康的心理问题，也关注功能正常的健康人的心理，可以说是未来心理学。这样的心理学理论与关注"普通人病态心理"的心理学并不矛盾；相反，此理论可以是一个综合理论，是既关注病态心理又关注健康心理的理论，既关注匮乏心理又关注发展态和存在态心理的理论。我将其称为存在心理学，因为其关注作为目的而不是作为手段的心理活动，即终端体验、终端价值、终端认知，将人本身视为目的。当代心理学研究的对象主要是匮乏状态而非满足状态，努力过程而非实现结果，心理受阻而非心理满足，寻求快乐而非拥有快乐，在路上而非已

经抵达，这可以从一个事实看出来：人们普遍认为，人的所有行为都是有目的的。（97，请见第十五章）

高峰体验中的 B 型认知

下面，我将用简练的语言——总结常见高峰体验中的认知特点。这里，"认知"一词的含义极其宽泛。

1. 在 B 型认知中，体验或被观察对象通常被视为一个整体、一个完整的单位，与关系、用途、便利、目的无关，与宇宙仿佛是一体的，与道同一，是宇宙的同义词。

这与包括人类最常见的 D 型认知相反，D 型认知体验都是部分的、不全面的，这一点我将在后文具体阐述。

这里，我们联想到 19 世纪的绝对理想主义，绝对理想主义认为整个宇宙是一个单位。但这个单位太过巨大，一个人的认知能力有限，无法认知整个宇宙，因此每个人对于宇宙现实的认知都被视为存在的一部分，但人类的认知永远不能穷尽整个宇宙。

2. 在 B 型认知中，人的注意力完全聚焦在被感知对象上，这可以被称为"全部注意"——详见沙赫特尔的文章（147）。我这里所描述的情形近似迷恋或全神贯注。在这种注意模式中，图形获得了全部的注意力，背景则实际上消失了，或至少是未得到重点关注。此时此刻，图形似乎暂时与世界上其他事物分离，似乎世界已经被遗忘了，图形在此刻就等同于整个宇宙。

既然整个宇宙都被感知到了，则支配整个宇宙的所有规律也能被感知。

这种认知与普通认知形成强烈反差。在这种认知模式中，物体和其周遭的相关事物同时得到了关注。物体与周遭的一切密切相关，是整个宇宙的一部分。普通的图形—背景关系持续存在，即背景和图形都得到了关注，尽管方式不一样。同时，在普通认知模式中，图形被视为一个类别中的一员或一个较大范畴中的一个例子，而不是图形本身。我把这种认知称为"分门别类"（rubricizing，97，第十四章）。在这里我再次指出，这种认知并非对一个人或物体的全面认知，因为这只是一种分类、划分，并将其贴上标签，然后放进这个或那个文件柜的行为而已。

我们平时很少注意到一点：在很大程度上，这种认知涉及在一个连续体上进行排位，即自动进行比较、判断、评价，从而得出被观察对象比同类更高、更少、更好的结论。

B 型认知也许可以被称作"无比较认知"或"非评价或无判断认知"。这就是多萝西·李（88）所描述的某些原始民族的认知方式，他们的认知方式与我们不同。

一个人可以作为他自己被认知，或通过他自己被认知。他可以被视为一个独特的个体，就像他是一个类别中唯一的成员一般。这就是我们所谓的独特个体认知，这是每一位临床心理治疗师都希望做到的。但这是一项艰巨的任务，远比我们通常承认的程度更艰巨。然而，我们还是有可能做到这一点，尽管只是短暂的一瞬间，但这在高峰体验中是很常见的。比如，一个健康的母亲怀着爱意看着自己的婴儿，就会将其当成一个独一无二的个体来看待。她认为，自己的宝贝是世界上独一无二的，他很完美、迷人、优秀（至少，她不会按照格塞尔儿童发展量表来评价自己的孩子，也不会拿他和邻家的孩子做比较）。

细细端详整个物体还意味着"用心"去看待它。反过来说，"关心"（126）对象能产生持续注意，而反复审视是全面认识一个物体所必需的。母亲一遍又一遍地凝视她的孩子，恋爱中的人凝视爱人，鉴赏家凝视作品，这种细致入微的观察肯定比漫不经心地瞥一眼就随意给对象贴上标签的认知更全面。全神贯注、入迷、聚精会神的观察，有望提供更丰富、更全面的认知。相反，大而化之的观察结果只能形成一个大致的体验，只能选择一些方面，并按照"重要"和"不重要"的视角进行观察。（一幅画、一个婴儿、一位爱人有"不重要"的部分吗？）

3. 虽然认知因人而异，且在一定程度上具有独创性，但我们还是可以将所有的认知区分成两类：与观察者利益相关的外部物体认知和与观察者利益无关的外部物体认知。自我实现者更容易将世界视为独立于自己、独立于人类的存在。对普通人而言，在高峰时刻他们才有可能有此体验。在这种高潮时刻，他才会更可能认识到自然只是作为它本身而存在，并非人类实现其目的的活动场所。他能更好地克制将自己的目的投射于自然的冲动。总之，他能看到自然的本真（"以本身为目的"），而不是其用途，也不会视其为可怕之物或其他需要人类做出反应的物体。

举个例子，显微镜可以揭示组织切片本身的美，也能揭示一个充满威胁、危险和病态的世界。一个癌症组织切片，如果我们能忘掉这是癌症组织，就能从中看到精致、令人惊叹的结构之美。如果只看蚊子本身，那它也是一个十分美妙的物体。在电子显微镜下，病毒是令人着迷的物体（或者，至少它们可以成为迷人的物体，只要我们能忘记它们对人的影响）。

因为 B 型认知更可能抛开与人的利益相关的因素，所以能让我们更真实地看清物体的本质。

4. 我在研究中逐渐发现了 B 型认知与普通认知的一个差异——我还不十分肯定——反复进行 B 型认知似乎会让认知结果更丰富。带着迷恋反复端详我们热爱的一张脸或喜欢的一幅画会让我们更喜欢它，能让我们用不同的感官感受它。我们可以称其为物内丰富性（intra-object richness）。

不过，目前看来这种认知与普通的反复体验所得到的效果截然相反。普通的反复体验会让人感到厌烦、审美疲劳、注意力丧失，等等。但让我感到满意的是，我发现（尽管现在我还不能证明），如果认知敏锐的人反复观看一幅我认为美的画，他越看越觉得那幅画很美；而让他看一幅我认为丑的画，他越看越觉得难看。对女人也相同。

在这种更常见的认知中，通常情况下最初的认知仅仅是为了区分有用和没用、危险和不危险，因此重复观察只会使事物越来越空洞。普通认知的任务是为了解决焦虑或满足匮乏需求，一次观察就能完成任务。一旦物体已经被分类识别，认知的需求就消失了，认知行为就停止了。反复体验会导致认知体验的减弱，对物体丰富性的感知也会减少；反复观察不仅仅会令被感知对象变得更贫乏，也会令观察者本人的内心变得贫乏。

与没有爱意的观察者相比，怀有爱意的观察会对观察对象的内在品质有更深刻的认知，其工作机制在于，因为对被观察对象着迷，观察者会反复、认真地"用心"搜寻观看。相爱的一对恋人能在对方身上看到旁人都看不见的潜力。通常，我们说"爱是盲目的"，但我们现在必须认识到，在某些情况下，爱比不爱更有洞察力。这里的意思是，在某种意义上识别还未实现的潜能是可能的。这个问题没有听起来那么复杂。专家使用的罗夏测验（Rorschach Test）就是对还未实现的潜能的一种认知。原则上，这是一个可以验证的假设。

5. 美国心理学，或者更广泛地说，西方心理学认为决定认知的总是人的需求、恐惧、兴趣——我认为这是种族中心视角。关于认知的"新观点"则认为，认知是必定建立在动机之上的。这也是经典的弗洛伊德观点（137）。其更深层的前提是，认知是为了应对环境，是一种工具性机制且在一定程度上必须是以自我为中心的。其假定是，世界只能从观察者利益的特定视角才能被认知，体验必须以自我为中心才能被组织起来。

我之所以认为上述观点是种族中心视角，不仅仅因为这是源于西方人无意识中的世界观，还因为该观点长期忽视东方哲学家、神学家和心理学家的观点，特别是中国、日本、印度哲学观，更不要提戈尔茨坦、墨菲、夏洛特·布勒、赫胥黎、索罗金（Sorokin）、瓦特（Watts）、诺思罗普、安吉亚尔等心理学家的观点了。

我的研究表明，在自我实现者的一般认知和普通人偶尔出现的高峰体验中，相对而言，认知可以达到超越自我、忘我、无我的状态；可以做到无动机、无我、无欲、无私、无求、超然；可以做到以物体而不是以自我为中心。也就是说，认知体验能够以客体为中心而非以自我为中心组织起来。就好像这些客体有着独立于观察者的现实存在。在审美体验或爱的体验中，因为过于投入，在一种非常真实的意义上，自我消失了。有些研究者，比如索罗金，在论及美学、神秘主义、母性和爱等现象时，甚至认为在高峰体验中，可以说我们已经达到一种观察者和被观察者合二为一的状态，形成了一个全新的、更大的整体，一个高级单位。这让我们联想到移情和认同的一些定义，同时也为在这个方向开展研究提供了可能性。

6. 高峰体验是有其内在价值的自我验证和自证合理的体验，即这种体验本身就是目的，我们可以称之为目的性体验而非手段性体验。这种体验非常宝贵，能带来巨大启示，甚至尝试证明其合理性都会损害其价值和尊严——我所有的受访者都声称，在他们爱的体验、神秘体验、美学体验、创造体验和顿悟时刻，他们都有这种感受。在心理治疗期间出现的顿悟时刻尤其如此。从当事人会防止自己获得顿悟的事实来看，心理治疗中的顿悟时刻是令人痛苦、不愿面对的时刻。顿悟抵达人意识的那一刻会让人痛不欲生。尽管如此，从长期来看，顿悟是值得的、让人渴望的。看清事实比保持盲目要好（172），即便看清真相让人心碎，但这一体验的自我验证和自证合理的价值是值得冒险的。无数关于美学、宗教、创造性、爱的文章一致写到，这些体验不仅有着内在价值，偶尔出现的这些体验还让人体会到生活的美好。神秘主义者对这种一生只会出现两三次的体验的重要价值一直非常肯定。

在西方，特别是对美国心理学家而言，高峰体验与普通生活体验的差异十分明显。对他们而言，行为就是实现目的的手段，很多人甚至将"行为"与"工具性行为"视为同义词。一切行为都是为了另一个目标，为了获取其他什么东西，这一点在约翰·杜威（John Dewey）的价值理论中体现得淋漓尽致（38a）。在杜威的价值理论中，只有手段，没有目的。甚至连这一说法都不准确，因为这意味着还存在目的。更准确的说法是，他认为一种手段是实现另一手段的手段，而另一手段也是一个手段，这样无穷无尽。

对于我的受访者而言，高峰体验带来的快乐是生活的终极目标，也是其合理性和价值的终极证明。如果心理学家将其忽略，或完全不知道其存在，或更糟糕，否定高峰体验实实在在地可能成为科学研究的对象，这是无法理解的。

7. 我研究过的普通高峰体验的一个特点是迷失时间和空间感。可以准确地说，主观上，在高峰体验时刻体验者置身时空之外。从高峰体验中醒来之后，要让他判断高峰体验持续了多长时间几乎是不可能的。通常情况下，他会摇摇脑袋，仿佛刚从迷幻中走出来，需要弄清楚自己身处何方一般。爱人们的体验则更多是完全失去了时间感。这不仅仅使他们沉浸在爱的狂喜中，感觉一天时间就像一分钟一样快，还包括他们感觉一分钟过得非常充实，就像度过了一天一般，仿佛他们身在一个时间静止又过得飞快的异域空间。对我们常规的分类来讲，这种说法显然是一个悖论。然而，这是受访者们的自我陈述，因此值得我们关注。我认为，这种时间体验与实证研究之间没有什么不匹配的。在高峰体验中，体验者对时间的感知肯定是很不准确的。同样，其对周遭环境的意识也比一般生活中的人们对周遭的意识模糊一些。

8. 我的一些关于价值心理的研究结果让人迷惑，但这些结果又是如此一致，因此不仅有必要将其公之于众，还有必要对这些结果进行解读。首先从结果上看，高峰体验是有益的、令人愉悦的，从来没有人认为高峰体验是邪恶和令人不悦的。这种体验本身就是合理、完美、完整的，不需要其他东西来支持，这种体验是自足的。体验者感觉这种体验是必要且不可避免的。这种体验完美无比。在这种体验中，体验者会感到敬畏、惊奇、神奇、谦卑，甚至崇敬、狂喜和虔诚。偶尔有些体验者会用"神圣"这个词描绘这种体验。这种体验能给予人们一种存在的欢愉和"乐趣"。

这种体验的哲学意义十分重大。如果，仅仅是为了论证需要，我们承认下述论点：在高峰体验中，可以更清晰、更深刻地看清现实的本性和本质。这基本与很多哲学家、神学家的论断是一致的：存在整体上是中性或好的，而邪恶或痛苦或威胁只是部分现象，是由于没有看清世界的全貌，从自我中心的视角看待这个世界造成的。

换个说法，我们可以将其与很多宗教里的"神"的一个方面进行比较。能够从整体来审视和理解存在的神一定会明白存在是好的、公正的、不可避免的，而"邪恶"则是从一个有限或自私的角度理解存在而得出的结论。如果我们能像神这样理解存在，我们就不会怪罪、谴责，也不会感到失望或惊讶。我们只能有诸如同情、怜悯、善意、伤感的情绪，或觉得别人的不足十分有意思。但这正是自我实现者对待世界的反应，是我们所有人在高峰时刻的反应，也是所有心理治疗师在治疗他们的病人时竭力做到的。当然，我们必须承认，这种神一样的，对万物都持包容、接受、有趣味的态度是极其难以实现的，而要百分百地做到这一点几乎是不可能的；然而，知道这是一件相对的事情，我们可以更多或更少地接近这一态度；如果仅仅因为这种态度很难实现，或只能短暂地、以非纯粹的方式实现就否认其存在，是愚蠢的。尽管在这个意义上，我们很难成为神，但我们可以更像或更不像一个神，更频繁或更不频繁得像一个神。

无论如何，这与我们普通的认知和反应形成了鲜明对照。通常，我们的认知和反应都是以"手段—价值"为指导的，即从实用性、可取度、好或坏、与目的之匹配度进行价值判断，然后进行评估、控制、判断、谴责或批准某种事实或行为。我们是"对着什么笑"而不是"与什么一起笑"。我们凭借个人喜好对某种体验做出反应，并以自己本身或目的作为认知这个世界的参照物，因此世界对我们而言是手段而不是目的。这与超然出世的态度是截然相反的。这样一来，我们不是超然于世界之外来审视这个世界，而是在这个世界中审视我们自己，或通过这个世界审视我们自己。我们以匮乏动机来认知这个世界，因此只能看到匮乏价值。这与将世界作为整体来认知，或在我们的高峰体验中对作为整个宇宙代替品的那一部分宇宙的认知，是不同的。只有在那个时刻，我们才能看到世界的价值而不是我们自身的价值。我称这种价值为存在价值或 B 价值。这与罗伯特·哈特曼所谓的"内在价值"（59）是等值的。

目前为止，我认为 B 价值包括下述内容：

（a）整体性（统一、整合、趋向于单一性、互联性、简单性、组织性、结构性、超越二元性、秩序性）；

（b）完善（必要性、恰当、恰巧、必然性、适宜性、正义、完满、"应当"）；

（c）完整（结局、终结、正义、"已成"、实现、目的达成、天命、命运）；

（d）正义（公平、秩序、合法、"正当性"）；

（e）活力（过程性、不死性、自发性、自我调节、功能全开）；

（f）丰富性（差异性、复杂性、精细性）；

（g）简单性（诚实、透明、实质性、抽象性、本质、基本结构）；

（h）美（正直、形式、活力、简洁、丰富、完整、完善、圆满、独特、诚实）；

（i）善良（正确性、可取性、正当、公正、仁慈、诚实）；

（j）唯一性（特质、个性、不可比性、新颖性）；

（k）毫不费力（轻松、无压力，不费力、不困难，优雅、完美，运行流畅）；

（l）趣味性（乐趣、欢乐、幽默、喜庆、诙谐、热情洋溢、不费力）；

（m）诚实、真诚、现实（直率、单纯、丰富、应然、美、纯洁、干净纯粹、完整、实质性）；

（n）自足（自主性、独立性、不依赖外物成就自我、自我决定、超越环境、分离、按自身的规律生活）。

显然，这些价值并不互相排斥，也不是分开或互不相干的，而是相互重叠或融合的。从最高层面上看，它们是存在的各个侧面，而非其组成部分。通过不同的认知机制，每个侧面都有可能进入其认知的前景。比如，看美人或美丽的画，体验完美的性或完美的爱，体验顿悟、创造性和生产（分娩），等等。

真、善、美这古老的三大价值也是如此，它们相互融合和统一，其他很多价值也是如此。我曾经撰文指出（97），在我们的文化中，真、善、美三大价值在普通人身上只是基本上达到了和谐统一，而在那些有神经症的人身上，三者没有达到和谐统一。只有在发展充分、成熟、达到自我实现、功能发挥完全正常的人身上，无论是基于何种现实目的，三者都真正实现了和谐统一。现在，我想补充一点，即处在高峰体验中的人，也真正做到了三者的和谐统一。

如果上述论点被证明是正确的，这将与科学思维的一个基本公理——一个人在观察时越客观，越不带个人偏见，观察就越超脱于价值判断——相抵牾。事实与价值几乎一直被（知识分子）视为一对反义词，是相互排斥的，但也许相反的说法才是正确的。我们在对最超脱、最客观、最无私、最被动的认知过程进行研究时，认知者都声称直接体悟到了价值。这让我们意识到，价值与现实不能截然分开，对"事实"最深刻的认知会促成"事实"与判断和态度的融合。在这样的时刻，现实会被晕染上一层惊叹、崇敬、敬畏、赞同的感情，即会被赋予某种价值。[①]

9. 一般情况下，人的体验根植于历史、文化以及人不断变化和相对的各种需求之中。人的普通体验是在时空中组织起来的，

[①] 我没有研究，我的受访者也没有主动提及或许可称为"低谷"的体验，比如（对有些人来说）痛苦，和令人心碎地看到年迈和死亡的不可避免性、个人终极的孤独感和责任、自然和无意识的非人性特质。

是一个更大整体的一部分，因此与这个大的整体以及其参照体系存在相对关系。如此一来，现实是什么样的，取决于这个人的体验。一旦这个人不在了，现实也会消失。现实的组织框架从人的利益关照转变为环境需求，从当下时间转变为过去和未来，从这里转变为那里。在这个意义上，人的体验和行为是相对的。

从这个视角看，高峰体验不像普通体验那样具有相对性，而是更加绝对。高峰体验，不仅仅具有我前面提到的无时空性，且在高峰体验中，不仅被审视对象作为图形得到完全关注，不仅与体验者自身的利益和需求无关，更重要的是，高峰体验中的被审视对象作为其自身得以被审视，是独立于体验者而存在的现实，即便体验者生命终结之后仍然会存在。从科学的角度上讲，提及相对性和绝对性是危险的，我十分清楚这是一个语义的沼泽，但我的很多受访者在他们的自我反思报告中都提到这一区分。所以，在这里我不得不如实汇报我的这一研究发现。对于这一区分，我们心理学家将来一定得逐渐接受，因为我的受访者们在努力描述自己的美妙经历时，都提到了"绝对""相对"。

我们自己也常常忍不住想用这样的词汇，比如在艺术领域。一个中国制造的花瓶本身可能就是完美的，也许同时还有 2000 年的历史，而在当下仍然显得非常新颖，体现出被全世界喜欢的特色，而不仅仅是具有中国特色。从这个意义上讲，这个花瓶有着绝对特性，尽管在时间、文化源头、观众的美学标准上存在相对性。不同宗教、不同时代、不同文化的人在描述其神秘体验时会用到几乎完全相同的词汇，这并不能说明问题。难怪赫胥黎（68a）把它称作"长青哲学"。布鲁斯特·吉塞林（Brewster Ghiselin）（54a）所编著的作品中，提到的那些创造者，虽然身份不同——诗人、雕塑家、哲学家、数学家——却都用相同的词汇描述他们创造性时刻的体验。

"绝对性"这个概念之所以令人难以接受，是因为该词总是被赋予一种静态的含义，但从我的受访者的体验来看，并非必然如此或不可避免。对于一个美学物体、一张深爱的脸或一个完美的理论的认知是一个变动的过程，但这种注意力的变动一定是在其认知范围内的。认知的丰富程度可以达到无限，持续的注视可以从整体的一个侧面转到另一个侧面，一会儿集中在一个面上，一会儿集中在另一个面上。一幅精美的美术作品可以包含多个结构层次，而不只有一个，所以在审视该作品时，体验者可以持续有多种美学体验，尽管这些美学体验会不断变化。同时，体验者可以在某个时刻相对地欣赏该作品的某个方面，也可以在下一刻绝对地欣赏这幅作品。我们无须纠结这幅作品是相对的还是绝对的，因为它可以二者兼具。

10. 普通认知是一个非常活跃的过程，总是由认知者选择和塑造。他选择认知的对象，并将其与自己的需求、恐惧、利益联系起来；他对认知内容进行组织、排列、重新排列。一言蔽之，他操纵自己的认知。认知也是一个耗费能量的过程，需要敏感、警觉、紧张，因此令人疲惫。

不过，B 型认知更倾向于被动、接纳认知，而不是活跃认知。当然，也不能做到百分百如此。我所能找到的关于这种"被动"认知的最好描述，是东方哲学家，特别是老子和道家哲学家。克里希那穆提（Krishnamurti，85）对此有一种非常精妙的表述，他将其称为"无选择性的觉知"，我们也可以称之为"无欲求的觉知"。道家的"无为"概念也表达了我欲表达的意思，即这样的认知毫不费力，是冥想而不是"用力"思考。处在这种体验中时，一个人会表现出谦恭，对体验中的事物不干预，保持接纳而不是索取的心态，让被观察的事物展现自己的本性。这里，我想到了弗洛伊德关于"自由漂浮注意"的描述。这种注意也是一种被动、无我、梦幻的状态，是"凝视"而非"观看"，是让体验掌控自己而非自己掌控体验。

我发现，最近约翰·施莱恩（John Shlien，155）关于被动倾听和主动用力倾听之差别的一个说明很有用。一个好的心理治疗师必须能够被动倾听，以便听到患者真的说了些什么，而不是带着自己的期待，选择性地听取自己希望听到的内容。他一定不要突出自己，而要让患者的话语毫无障碍地"流"进自己心里。唯有如此，他才能捕捉到这些话语本身的形状和模式，否则一个人只能听到他自己的理论和期待的内容。

事实上，我们可以说，这个能力是区分任何一个心理学流派中优秀和糟糕的治疗师的标准。优秀的治疗师能够视每个患者为独立的案例，而不是急于对他进行分类、贴标签、分级、分组。一个糟糕的治疗师即便有着一百年的临床实践经验，也只会重复照搬自己入行早期所学的理论罢了。正是在这个意义上，我们说一个治疗师可能40年来一直重复同一错误，却称之为"丰富的临床经验"。

D. H. 劳伦斯和其他浪漫主义者则给 B 型认知取了一个新的名称——非自发认知。这一提法与我们的提法完全不同，但同样都不流行。普通认知需要很强的主观意志，因此需要预先安排和构想，很费力。然而，在高峰体验中，主观意志被遏制，因而不会干预认知。我们不能掌控高峰体验，只能偶遇高峰体验。

11. 高峰体验的情感反应带有惊奇、敬畏、崇敬、谦恭、臣服的意味，就如同一个人面对伟大庄严之物时，常常伴随着一丝被征服的惊惧（但令人愉悦）之情一般。我的受访者用"对我而言太震撼了"来描述。这种体验会带来一种冲击，让人哭或笑，或者又哭又笑，且会让人感到一种痛，但是一种令人愉悦的所谓"甜蜜的"痛。甚至还会让人想以一种特殊的方式死去。不仅仅是我的受访者，很多其他高峰体验者也将高峰体验与死亡体验相提并论，是一种对死亡的渴望。典型的说法包括："这太美妙了，我真不知道我怎么受得了。我真希望此刻能死去，那将很美好。"这么说，也许只是希望继续保持高峰体验，不想跌回普通体验的低谷；这么说，也许是面对摄人心魄的高峰体验时，人们深深地感到谦卑、渺小、无足轻重。

12. 我们还需要处理的另一对矛盾是受访者关于世界认知的报告。有些受访者的报告，特别是关于神秘的或宗教的、哲学体验的报告，声称整个世界被视为一个整体，一个丰富的单一个体。而在爱或美学体验中，世界的一个局部在那一刻被感知成整个宇宙。不过，在两种情形下世界都被视为一个整体。这或许是因为 B 型认知模式下，一幅画或一个理论都包含了（全部 Being）整个世界的特质，即 B 型价值，而 B 型价值就是将觉知对象视为当下整个宇宙而感知形成的。

13. 抽象及分类认知与具象、特定的新颖认知之间存在很大差别（56）。正是在这种意义上，我将使用"抽象""具象"这两个术语。这和戈尔茨坦所用的术语并没有多大不同。我们的大多数认知（注意、知觉、记忆、思考、学习）都是抽象的，而不是具体的。也就是说，我们大部分生活认知涉及的都是分类、系统化、分级和抽象，而不是像我们在讲内在世界观时，着力于事物本来面目的认知。正如沙赫特尔（147）在其经典论文《童年失忆症和记忆问题》中所阐述的那样，我们的大多数体验被分类、结构和规则系统过滤掉了。对自我实现者的研究使我有了下述发现：他们能在抽象思考中进行具象观察，在具象观察时进行抽象思考。这一发现是戈尔茨坦观点的一点补充，即一个人的思维不仅可以简单到只包含具象思维，也可以简单到只包含（我们可以这么说）抽象思维，后者即失去认知具象的能力。此后，我在优秀的画家、临床医生，甚至一些非自我实现者身上都发现了这种非凡的能力。最近，我在一些普通人的高峰体验中也发现了相同的能力。他们更善于抓住认知对象的具象和独一无二的本性。

由于这种关注个性的认知通常被认为是美学认知的核心特征——例如诺思罗普（127a）——二者常被视为同义词。对大部分哲学家和艺术家而言，具象地认知一个人，关注其内在的独特性就是对他进行美学认知。我更喜欢宽泛的用法，并认为我已经证明，对一个物体的独特性的认知是所有高峰体验的特点，而不仅仅是美学的一个特点。

把 B 型认知过程中对具象的认知理解成对物体各个侧面及特质进行同时或连续认知，十分有帮助。抽象，本质上就是只选择物体的某些方面进行认知——对我们有用的方面，对我们造成威胁的方面，我们熟悉的方面或能够被我们语言表达出来的方面。怀特海（Whitehead）和伯格森（Bergson）将这一点论述得极为清楚。自维万蒂（Vivanti）之后的其他很多哲学家也有十分详尽的表述。抽象，虽然是有用的，但也是不真实的。总之，抽象地认知一个物体意味着忽视它的某些方面。其明显的含义就是选择某些特质，忽略某些特质，创造一些特质或扭曲某些特质。我们根据自己的意愿对其进行理解，创造出一个自己希望看到的物体，制造出自己想看的物体。更重要的是，在抽象的过程中，我们有着将认知对象与我们的语言体现关联起来的强烈倾向。这造成了很大的麻烦，因为根据弗洛伊德的理论，语言不是一个首要认知过程而是一个次要认知过程，因为语言处理的不是心理现实而是外在现实，是显意识而不是无意识。诚然，这点不足可以在一定程度上由诗性或情感词汇加以矫正，但说到底，很多体验神圣庄严，完全无法用语言表达。

让我们以观看画作或观察人为例。在观看一幅画或一个人时，为了全面观察，我们必须尽力克服想要分类、比较、评估、需求、使用的冲动。在我们张口说"这人是个外国人"的那一刻，我们就对他进行了分类，进行了一个抽象的思维活动，且在一定程度上，切断了将他视为独一无二、完整之人的可能性。一旦我们开始关注画上画家的落款时，我们就不再可能将这幅画视为独一无二、全新的作品进行观察。在某种程度上，我们所谓的理解——将一项体验置于某个概念、词汇或关系系统中——切断了我们全面认知的可能性。赫伯特·里德（Herbert Read）曾经说过，儿童有"纯真的眼睛"，就是说，能够看什么都如同第一次见该事物一般感到新鲜（很多情况下，他也的确是第一次见）。他会满怀惊奇地凝视该物，仔细研究其每个方面，留心其所有的特质，因为在这种情况下，对儿童来说这个陌生物体没有哪个方面的特质比其他某个特质更重要。他不会组织该物体，只会专注地观看。就像坎特里尔（Cantril，28，29）和墨菲（122，124）所描述的那样，他细细地品味这次体验的种种特点。在这种情况下，成年人如果能避免进行抽象、命名、排列、比较、关联，如果我们能看到那个人或那幅画的多方面，就跟儿童此刻的体验相同了。我要特别强调的是对不可言说之物的感知能力。如果非要将不可言说之物用语言来表达，那表达出来的一定是变形之物、近似之物，而非其本来面目。

高峰体验的一大特色就是认知整体大于部分认知之和，因为只有这样，才能最充分地认知一个人。有鉴于此，自我实现者对他人的认知总是入木三分、深入骨髓就不奇怪了。因此，我坚信，一个完美的心理治疗师至少应该是一个健康人，因为不带先入之见，将他人视为独一无二、完整的个体应当是其必备的职业素养。虽然我承认，这种认知能力还是会因人而异——其背后原因不详。同时，心理治疗经验本身可以是认知他人本性的一种训练。这也解释了为什么我认为美学和创造认知训练可以成为临床心理治疗训练的一部分。

14. 人在更高层次变得成熟之后，很多二元对立、两极分化、矛盾都会得到超越或解决。自我实现者既是自私的又是无私的，既是非理性的酒神也是井然有序的阿波罗神，既独立又合群，既理性也非理性，既与人产生连接也与人保持距离，等等。我原先认为这两极是直线的两端，相距甚远，但事实证明，这两极就像圆圈或螺旋的两端一样是连接在一起的。我还发现，在全方位认知一个物体时，这一倾向更强烈。我们对整个存在理解得越充分，就越能容忍不一致、对立、矛盾的同时存在。不一致、对立、矛盾似乎是认知不全面的产物，会随着我们对整体认知的增加而消失。从上帝视角来看，一个患有神经症的人可能是非常精彩的、复杂的，甚至是美丽的过程的结合体。我们通常认为的冲突、矛盾和不关联，可以被视为不可避免的、必要的，甚至是命中注定的。这就是说，如果能进行全面理解，则任何事物的存在都是恰如其分的，能够得到美学上的认知和欣赏。任何事物经历的冲突和分裂最终被证明是有意义或明智的。如果我们能将病症视为敦促病人追求健康的一种方式，如果我们认为神经症是一个人在当下解决其问题的最健康方法，则疾病与健康之间的分野会变得不那么明显。

15. 处在高峰体验中的人就像一个神，这不仅是因为前面我提到的原因，还因为在高峰体验时，他完全地甚至是开心地接纳整个世界或一个人，即便此人比平常看起来糟糕很多，也会全盘接受，对他充满爱心和理解，并不予谴责。神学家一直在努力完成一个任务：将世界上的罪恶、痛苦与一个全知全能、爱所有人的上帝统一起来。而其相应的一个分任务则是将扬善除恶的必要性与博爱、宽恕一切的上帝统一起来。他必须既要惩罚又不必惩罚，既要原谅又要谴责。

我想，通过研究自我实现者以及对 B 型认知和 D 型认知两种截然不同的认知类型进行对比，能让我们学到一些解决这一两难问题的自然主义方法。B 型认知通常是转瞬即逝的，是一个高峰、高点，偶尔一现的成就。似乎人类大多数时候都在进行匮乏认知，即他们在对比、判断、批准、关联、使用。这意味着，我们可以交替用两种方式认知一个人：有时视其为一个完整的存在（Being），就如同当下他就是整个宇宙；而更多时候，我们将其视为整个宇宙的一部分，与世界以复杂的方式联系在一起。当我们以 B 型认知方式认知他的时候，我们内心充满了爱、原谅、接受、欣赏、理解、爱的乐趣。但在大部分关于神的概念中，这些正是神的特性（除了乐趣——奇怪的是，大部分神都不具备这一特性）。在高峰体验中，我们却能拥有近似于神性的品质。比如，在心理治疗过程中，平常让人害怕、谴责甚至憎恨的人——谋杀犯、鸡奸者、强奸犯、剥削者、胆小鬼——却能博得心理治疗师的爱、理解、接受、原谅。

让我特别感兴趣的是，所有人都会在某些时刻希望能进行 B 型认知（见第九章）。他们都讨厌被分级、分类、贴标签。被贴上"服务员""警察""女士"的标签而不是被视为一个独特的人，常常感到被冒犯。我们都希望别人能认识到我们的完整性、丰富性和复杂性，并因此而接纳我们。如果在普通人中找不到这样一个接受我们的人，我们就会将这一愿望投射到我们创造出来的近似于神的人物身上，这个被创造出来的人有时候是一个人，有时则是超自然的人。我们的受访者的行为则对"邪恶问题"提供了另一个可能的答案，即"接受现实"，就像接受存在（being）本身一般。现实既不支持人类，也不反对人类，现实只是其本身。只有对那些需要上帝的人而言——一个创造了世界，充满了人情味，博爱、严肃又无所不能的上帝——一场地震才是需要自己努力想明白的问题。对那些能坦然接受地震，不带感情色彩，不认为地震是被"制造"出来的人而言，地震不会造成任何道德或价值论问题，因为地震不是被"故意"制造出来找人麻烦的。他们会耸耸肩，如果非要以人为中心来界定"邪恶"，他会像接受四季和暴风一样地接受"邪恶"。原则上，欣赏洪水或老虎捕猎的美是可能的，甚至还能感受到其中的乐趣。当然，要求一个人对损害其自身利益的事物保持这种态度则困难得多，但偶尔是可能的。而且一个人越成熟，可能性越大。

16. 强调个体性、整体性是高峰体验中的认知特点。无论认知对象是一个人、一棵树、一幅画还是整个世界，都会被视为其分类中的唯一个例来看待。与之相反，常规的认知方式是寻找规律、概括或以亚里士多德的方式将世界上的事物分门别类，被认知的对象只是一个分类中的一个样本。分类又是建立在相似性基础上的，如果没有相像、相等、相似、差异等概念，分类是毫无用处的。人没法比较两个没有任何共同之处的物体，但要认识到两个物体之间存在共同之处需要一定的抽象思考，比如红色、圆形、重量，等等。但如果我们坚持同时认知一个人的全部特质，并认为这些特质都是必需的，我们就无法分类。从这个角度看，每一个完整的人、一幅画、一只鸟或一朵花都是群体中的唯一成员，因此必须作为一个独一无二的事物被认知。而全面的认知意味着结果更加可信（59）。

17. 高峰体验的另一特点是完全抛弃了（尽管只是暂时）恐惧、焦虑、限制、防御、控制，不再声辩、拖延、克制。对崩溃、瓦解、本能泛滥、死亡、疯癫、纵欲、滥情的恐惧在此刻都消失或暂时消失了。由于恐惧会使人的认知扭曲，故高峰体验也意味着认知更开放。

这可以视为一种纯粹的满足、纯粹的表达、纯粹的喜悦或欢乐，但并未"脱离凡间"，因此这是一种弗洛伊德的"快感原则"与"现实原则"的融合。这也是在较高层次心理功能水平上解决普通二元概念的另一个例子。

因此，我们可以发现，经常有高峰体验的人身上有一种"渗透性"，更能够靠近、接纳无意识，并且对无意识相对不那么害怕。

18. 我们已经看到，处在高峰体验中的人会变得更完整，更个性化，更自主，更善于表达，更从容，更勇敢，更有力，等等。

但这些特点与前文提到的 B 型价值是相同或差不多等同的。这里似乎存在内心世界与外在世界的平行或同构动力，即如果一个人能够认知到世界的本质，他自己也会更了解自己的本质（他自己也变得更完美）。这种互动效果似乎是双向的，因为他越接近自身的完美，就越能够轻松地看见世界的 B 型价值。随着他变得更完整，他也更容易看见世界的统一。当他能欣赏乐趣本身的时候，就也能看见世界上单纯的乐趣。两者相辅相成，就像抑郁会让世界看起来更糟，反之亦然。他和世界会变得越来越相似，因为他们都变得越来越完美（或者二者都变得越来越不完美）（108，114）。

在体验宇宙的过程中与世界合二为一，与自己认知到的一个宏大哲学体系融为一体的感觉，大概也是所谓爱人之间的融合的部分意思吧。另外一些证据也能作为佐证（虽然还不充分）（180）：描述一幅优秀的绘画作品品质的词也被用来描述一个"优秀"人物的 B 型价值，比如"完整""独特""活力"。当然，这是可以验证的。

19. 对有些读者来说，如果我用大家更熟悉的心理分析理论来阐述这个问题可能更容易理解。次级过程是用来处理无意识之外的真实世界的，逻辑、科学、常识、随机应变、文化适应、责任、规划、理性等都是次级过程。而在神经病患者和疯子身上，人们首次发现了初级过程，然后在孩子身上也发现了初级过程，在健康人身上发现初级过程则是最近发生的事情。做梦最清晰地展现了无意识的运行规则。弗洛伊德理论认为，做梦的动力主要是愿望和恐惧。一个具有常识、责任心和良好社会适应能力的人必须做梦，部分原因在于他常常会无视自己的无意识，否认和压制自己的无意识。

我之所以认识到这一点，是因为多年前我发现我选择的受访者虽然很成熟——这正是我选择他们作为受访者的原因——但同时他们也很幼稚。我称之为"健康的幼稚""第二个纯真期"。克里斯（Kris，84）和自我心理学家称之为"自我的退化"，这种现象不仅存在于健康人，而且最终被认为是心理健康的必要条件。爱也被视为一种退化（即无法完成自我退化的人无法爱他人）。最终，精神分析学家都认为灵感或精彩（初级）创意部分源自无意识，是一种健康的退化，是暂时远离现实世界的结果。

自此，我所讨论的内容可以理解为将自我、本我、超我和自我理想融为一体，将有意识和无意识融为一体，将初级过程和次级过程融为一体，将快感原则和现实原则融为一体，在保留最大成熟度的同时无惧退化，是一个人在各个层次上的真正统合。

自我实现的再定义

换言之，处于高峰体验中的人暂时具备了很多自我实现者的特点，即此刻他也达到了自我实现。如果愿意，我们可以视其为个性的暂时改变，而不仅仅是一种情感—认知—表达状态。这不仅仅是他最开心、最激动的时候，也是他最成熟、最个性、最完满的时候，总之，是他最健康的时刻。

这样，我们得以重新定义自我实现，修正其强调静态和分类方式的不足，并使之不再是一个只有极少数年满 60 岁的人才能涉足的万神殿，也不只是一个是和非的选择。我们可以将其定义为一段体验过程，一次高效和极度愉悦的能量爆发。人因此变得更完整，更开放，更个性，表达更完美或更自发，功能发挥更充分，更有创造性，更幽默，更能超越自我，更独立于低级需求等。在自我体验的过程中，一个人能触碰到更真实的自我，更完美地实现其潜能，更接近他的本性的核心。

理论上讲，任何人在其生命中的任何时候都能经历这样的状态或过程。那些我称为自我实现者的人的与众不同之处在于：相较于普通人，他们的这种体验更频繁，更强烈，更完美。所以，自我实现本质上是一个程度和频率问题，而不是是和非的问题。因此，自我实现问题是可以进行科学研究的问题。我们的研究对象不再局限于那些大部分时间都能达到自我实现状态的稀有人士，至少从理论上来说，在任何人的生活经历中都能找到自我实现的片刻，尤其是那些艺术家、知识分子和其他有创造力的人、宗教人士，以及在心理疗法或其他重要成长经历中体验过顿悟的人。

外部效度问题

到此，我主要从现象学角度讨论了一种主观体验，而这种体验与外部世界的关系则完全是另外一回事。只有认知者自认为其认知更真实，更完整，但并不能证明事实上也是如此。要证明事实的确如此，需要以被观察物体或人或由此生产出来的产品作为判断的标准。因此，从原则上讲，这些标准只是简单的相关研究问题。

但究竟在何种意义上艺术可以称为知识？美学认知肯定有其内在的自我证明力，即美学认知是一种有价值、美妙的体验。但幻想和幻觉也是有价值、美妙的体验。此外，也许你在观赏一幅画的时候会获得一种美学体验，而我却毫无感觉。如果我们承认，除了个体体验差异之外还有其他解释，则外部效度标准问题依然存在，我们其他的认知体验也涉及这个问题。

关于爱的认知、神秘体验、创造性时刻、顿悟也存在同样的问题。

恋人能在对方身上看到其他人看不见的品质，这当然与他的内在体验，以及这些品质对他的益处、对他爱人的益处、对世界的益处等内在价值相关。如果我们以慈母对婴儿的爱为例子，这一点会体现得更清楚。爱不仅能让人看见被爱者身上的潜力，还能将这些潜力变成现实。缺乏爱会让潜能窒息，甚至将其毁灭。个人的成长需要勇气、自信，甚至冒险；如果父母或伴侣没有爱，则会让子女或另一半自我怀疑、焦虑，感觉自己没有价值，对别人的嘲弄习以为常，这些都会阻碍成长和自我实现。

所有人格学和心理治疗的经验都证明一个事实：爱能实现潜能，缺乏爱则会让潜能窒息，无论该不该如此（17）。

这样就出现了一个复杂的循环问题，正如默顿（Merton）所言："在多大程度上，这种现象是一个自我实现的预言？"如果丈夫相信自己的妻子是美的，或者妻子深信自己的丈夫是勇敢的，则这种信念会创造出丈夫眼中的美丽，妻子眼中的勇气。这不完全是经由信念看到了原本就存在的东西。我们也许应该视其为在被爱者的身上看到其潜能的例子，因为每个人都有变得更美或更勇敢的潜力？如果是这样，这就与在某人身上看到一位伟大的小提琴家的潜力是不一样的，因为成为伟大的小提琴家的潜力并非人人都具备。

然而，即便将这一复杂性抛到一边，那些希望把这些问题纳入公共科学进行研究的人仍然怀有疑虑。比较常见的情况是，爱他人会让人产生错觉，由此看到不存在的品质和潜力。爱人者并非真的看到了这些品质和潜力，而是在自己的脑海里创造出了这些品质和潜力。这种创造又是建立在爱人者的需要、抑制、克制、投射和合理化心理系统之上的。如果爱比不爱更易被感知，爱也可能让人变得更盲目。如果是这样，那个研究问题依然会困扰我们：什么时候爱让人的观察力变得更敏锐？而什么时候又让人变得更盲目呢？我们如何才能分辨哪些是真正敏锐的认知呢？我已经从人格学层面上阐述了我的观察结果：这个问题的一个答案在于认知者的心理健康变量，无论他是否与被观察者处于恋爱关系中。在其他情况完全相同的情况下，他越健康，对这个世界的认知就越准确和敏锐。由于这个结论是非对照观察的产物，所以这只是一个假设，还需要对照研究的验证。

通常，在审美、创造性、顿悟体验中，我们也都面临着上述问题。这些体验的外部效度与内心的自我验证并不完美对应。顿悟的结果可能是错的，强烈的爱也可能会消失。高峰体验中自发创作出来的诗歌，会因为不满意而被丢弃。高峰体验中创造出的作品，必须在高峰体验结束后依然给人以同样的主观感受，才能持久。习惯于创作的人对此很了解，他们知道自己高峰时刻的灵光乍现有一半会毫无成效。所有的高峰体验与 B 型认知感觉类似，但也不尽然。但我们不敢因此而忽略非常明显的线索，这就是说，至少在某些时候，健康人在健康的时刻，其认知更准确，更清晰，即某些高峰体验的确是 B 型认知。我曾提出过一个原则：如果自我实现者在认知现实的时候，可以并且确实比一般人更有效、更充分，更少受动机影响，那么我们可以用他们来做生物学分析研究。凭借他们更高的敏感性和认知能力，我们可以获知眼睛无法看到的现实真相，就好像其他生物无法探测到矿洞里的瓦斯含量时，我们可以用金丝雀来测试矿洞里的瓦斯含量一样。就像一只弓上的第二条弦一样，我们可以利用自己的高峰体验——我们的自我实现时刻——来体会平常我们无法感知的、更加真实的现实本质。

现在终于清楚了，我一直在描述的认知体验并不能代替常规的科学质疑和谨慎推理。无论这些认知多么深刻、有效，且即便这是了解某些事实的最佳或唯一途径，但灵光乍现之后，检查、选择、否定、确认、（外部）验证其合理性的问题还是会接踵而来。然而，如果因此将二者对立起来，似乎不妥。相反，二者应当互为补充，就像拓荒者与定居者的关系一样。

高峰体验的后效

完全可以与高峰体验的外部效度分开讨论的一个问题是高峰

体验给认知者带来的后效。从另一个意义上讲，可以说这些后效是对高峰体验合理性的证明。我没有对照的研究数据可以提供，只是我的受访者一致同意高峰体验存在后效，我自己也相信这一点，以及所有撰文记叙创造性、爱、顿悟、神秘体验、美学体验的作者都一致承认存在这样的后效。基于上述理由，我觉得我可以提出以下论点或观点，所有这些都是可以验证的。

1. 从严格的根除症状的意义上讲，高峰体验的确有一些临床心理治疗效果。我至少收到两个报告——一个是心理学家的报告，一个是人类学家的报告——声称神秘或海洋体验非常深刻，以至于能够永久消除某些神经症症状。在人类历史上，这样的体验当然有不少记录，但就我所知这些体验从来没有得到过心理学家或精神科医生的关注。

2. 高峰体验能改变一个人对自己的看法，使其朝着健康的方向发展。

3. 能改变对他人的看法，且能从多方面改变体验者与他人的关系。

4. 高峰体验可以或多或少地改变一个人对这个世界的看法，或是对世界某些方面和部分的看法。

5. 高峰体验可以增强体验者的创造性、自发性、表达力和个性特质。

6. 体验者会把这种体验作为非常重要和令人满意的事件铭记在心，而且会找机会再次体验。

7. 体验者更倾向于认为，即使日常生活十分单调、缺乏想象力、痛苦、叫人难以满足，生活总的来说是有意义的，因为他已经体验到了美、兴奋、诚实、游戏、善良、真理、意义。

高峰体验还产生了其他的一些效果，但这些效果因人而异，并无规律。还有人声称，高峰体验让他的具体问题得到了解决，或者让他能从全新的角度去看待那些问题。

如果我们将高峰体验比作体验者去到自己界定的天堂游历一番之后又回到地球的一次旅行的话，我想我们可以对其后效进行总结概括，然后就这些效果进行交流。这一体验所产生的有益效果——有些是普遍的，有些是个性化的——可以视为必然的结果。[1]

第七章　高峰体验中的强烈自我认同体验

要给自我认同下定义，我们必须牢记一点：相关定义和概念并非隐藏在什么地方，只待我们将其找出来即可。一方面，我们需要将它们找出来；另一方面，我们还得进行发明创造。一定程度上，自我认同是由我们界定的，但在此之前，我们还得仔细研究一番这个词已有的含义。我们会立刻发现，不同作者用这个词来描述不同的数据和运行过程。当然，为了搞清楚某个人使用此词的含义，我们还得弄明白相关的心理运行过程。对心理治疗师、社会学家、自我心理学家、儿童心理学家等而言，此词的含义不尽相同，尽管这些人的用法中也包含相似或重叠的含义（也许这些相似性就是今天这个词的"含义"）。

---

[1] 我还想强调的是，美学体验、创造体验、爱的体验、神秘体验、顿悟体验和其他高峰体验的后效，在艺术家、艺术教育者、创造力十足的老师、宗教和哲学理论家，爱心满满的丈夫、母亲、心理治疗师以及其他很多人的潜意识中被视为理所当然，通常也会期待有这样的效果。

总体来说，这些有益的后效非常易于理解，难以解释的是很多人缺少明显的后效反应（莱因哈特，1951，第477页）。

这里，我需要介绍高峰体验中的一种心理过程，在这个过程中，"自我认同"一词有着多种真实、合理、有用的含义，但这并不是说，这就是自我认同的真实含义，而只是说我们提供了一个新的理解视角。我感觉处在高峰体验中的人保持了最多的"自我认同"，最接近真实的"自我"，最个性化的部分，因此高峰体验提供了最纯净、无污染的研究数据。换言之，在这种情况下，所需的人为发明创造被降到了最低，而发现的比重增加到最大。

读者可以发现，很明显，下述"独立"的特征并非完全独立，而是以各种方式相互重叠，即同样的含义用不同的语言表达而已，或以隐喻的方式表达相同的意义。对我的"整体分析"理论（与原子论或还原论分析对立）感兴趣的读者，请参看我的另一部著作（97，第三章）。我将用整体的方法进行描述，而不是把自我认同这个概念拆分成完全独立、相互排斥的组件。要将其握在手中反复把玩，审视其各个侧面，或者像一位鉴赏家审视一幅精美的油画那样，从不同角度审视其构图（作为一个整体）。对每个侧面的讨论均可以视为对其他所有侧面的部分阐释。

1. 处在高峰体验中的人比平时更完整（统一、完整、一体）。（对观察他的人而言）他在各个方面（后文将详述）都更完整。例如，他更不容易走神、解离，内心冲突减少，更平静；自我感知与自我观察的分裂减少，更聚精会神；身心更和谐，各个器官的协作性增强，内心矛盾减少，等等。① 关于其他方面的整合及相关先决条件，

---

① 这一点对心理治疗师而言特别重要，不仅因为心理治疗的一个主要目标就是让患者心理变得完整，还涉及我们所谓的"治疗性身份解离"。要通过内省来实现心理治疗，需要患者同时体验和观察。比如，一个心理疾病患者如果只体验而不能客观地观察自己的体验，其心理问题并不会因此得以解决，尽管他确实抵达了神经症患者通常无法抵达的无意识的中心。而心理治疗师也必须以同样的方式进行身份解离，即一方面他要接受患者

我将在后文阐述。

2. 当一个人的自我更纯粹，更个性化时，他更能与世界、与过去的非自我融为一体①。比如，相爱的人相互靠近，最后形成一个整体；"你我"融为一体的可能性更大；创作者与其作品融为一体；母亲与自己的孩子融为一体；鉴赏家与音乐（或音乐化作他）、油画或舞蹈融为一体；天文学家"化作"天上的星辰（而不是隔着天文望远镜遥遥相望另外一个独立个体）。

这意味着，最大程度上获得自我认同、自主或自我的同时也是一种自我超越。在这一刻，一个人可以相对地变得无自我。②

3. 处于高峰体验中的人往往觉得自己处于自己力量的巅峰，自己的能力得到最充分的发挥。用罗杰斯（145）的妙语来讲，就是感觉"功能完美发挥"。他感觉自己比其他时候更聪明，更敏锐，更智慧，更强大，更优雅。他处在自己的巅峰状态。这不仅仅是

（接上页）的体验，而另一方面他又要拒绝患者的体验。换言之，一方面他必须给予患者"无条件的尊重"（143），他必须完全理解和接受患者，必须将批评、评判搁置一边，必须体验患者的世界，与患者以"你我"之心相遇，必须以上帝般慈爱之心爱患者，等等。而另一方面，他又必须默默地批评、不接受、不认同等，因为他要尽力帮助患者改进、提升，改变患者现在的状况。这一心理治疗身份分解理论正是多伊奇（Deutsch）和墨菲（38）心理治疗理论的基础。也许在潜意识里，在高峰体验中，我们的自我变得更倾向于体验。

① 我知道我使用的语言都"指向"高峰体验，也就是说，只有那些未曾压抑、否认、拒绝、恐惧高峰体验的人才能理解我说的内容。我相信，我应该也能与"无高峰体验经历的人"交流，但那将会十分费力，十分冗长。

② 我认为，这就像放弃我们通常具备的自我意识或自我观察，完全沉浸在某个事物中以及"失去"自我，是容易理解的。比如，我们在高峰体验时，或在一个更低的心理层面上沉迷于一部电影、一本小说、一场足球比赛时，我们会聚精会神、全神贯注，以至于忘记了自己，忘了一些小小的烦恼，忘了外表、担忧，等等。

他自己的主观感受,外人也能看得出来。他不再浪费精力自我挣扎、自我限制,他的肌肉不再是斗争的肌肉。通常情况下,我们的一部分能力会用于行动,另一部分则被浪费于限制这些行动。现在,所有的能力都被用于行动,不再有浪费。此刻,他就像一条没有拦河坝的河流。

4. 当一个人处在最佳状态时,其另一个略微不同的特点是能轻松自如地发挥所有功能。往常费尽周折、百般辛苦的事情,现在做起来却毫不费力,水到渠成。这时,一切"得心应手"甚或"超常完美",体验者感觉到一种从容以及随之而来的轻松、流畅、毫不费力的全面发挥。

人们可以看到他们脸上平静、自信和专注的表情,仿佛他们完全清楚自己在干些什么。他们全神贯注,没有一丝怀疑、犹豫、模棱两可或分毫退缩。每一次都能正中靶心,不会因力度不足或方向偏离而脱靶。当他们处于最佳状态时,优秀的运动员、艺术家、创造者、领导、管理者都展现出这样的行为品质。

〔与前面的内容比较起来,这一点与自我认同的关系不那么明显,不过我认为这一点应该归入"真正的自我"的次要特征,且是一个外在的、公开的特征,这样更便于进行科学研究。同时,我相信这一点对于理解上帝般的欢乐(幽默、乐趣、呆傻、玩耍、欢笑)——我认为这些是自我最高级的 B 型价值是必要的。〕

5. 处于高峰体验中的人觉得自己比平时更有责任心,更主动,是其活动和感知的创造中心。他觉得自己是动力之源、掌控者(而不是顺从、被决定、无能、依赖、消极、软弱、受人摆布)。他感觉自己是自己的主人,完全主动、负责,比平时具有更多的自由意志,是自己命运的主人。

在旁人眼中,他同样显得行事更果断,更坚强,更决断,更可能蔑视和排除反对意见，更自信，更让人觉得阻止他是不可能的。他对自己的价值观和执行力深信不疑。在旁人眼中，他可信、可靠，是一个可放心托付重任的人。在治疗、成长、教育或婚姻中，经常有可能看到他担负起职责的伟大时刻。

6. 此时他完全打破了约束、限制、谨慎、恐惧、怀疑、控制、保留、自我批评、阻挡，而这些都是不利于自我肯定、自我接受、自爱和自重的。此刻他的体验不只是一种主观感受，也是一个客观现象，可以从这两方面进一步详述。当然，这只是前面提到的以及后面将会提到的各种特征的一个"方面"。

也许，从原则上讲，这些行为是可以检验的，且从客观上说，是互不相容的，而非相辅相成的。

7. 在高峰体验中，他表现得更加主动，更善于表达，也更加单纯（坦诚、自然、诚实、耿直、直率、天真烂漫、不做作、没有防备），更加自然（质朴、放松、果断、爽直、真诚、真实、某种意义上更原始、更直接），更无拘无束，感情自然外露（不出自主、冲动、条件反射式的、"本能的"、无拘无束、无自我意识的、无思想、无意的）。①

8. 因此，从特定意义上讲，他更具"创造性"（参见本书第十章）。在高峰体验中，他变得更自信，没有疑虑，因此他的认知和行为可以根据环境随机应变、无为而治，或者按照格式塔心理学

① 这一点对于真正的自我认知十分重要，又有着诸多的言外之意，难以描述，不可言传。为了尽量表述清楚一些，我增加了下列语义稍微有重叠的同义词：无心、自然、自由、自愿、不假思索、无意、鲁莽、直率、毫无保留、坦白、直白、率真、豪爽、不做作、不装腔作势、坦率、耿直、镇定、浑然天成、信任他人。这里暂且不谈"天真的认知"、直觉以及B型认知等问题。

家的说法，无论现实环境好坏，都可以根据环境"自身"的内在要求（而不是以自我为中心或自我意识为前提）以及任务、职责（弗兰克）本身的要求进行认知和行动。因此，他的认知和行动会更倾向于临场发挥、即兴发挥、凭空创作、出其不意，更新颖，更不同常规。他的认知和行动更倾向于没有准备、计划、设计、预设、预演，因为这些词都意味着某种形式的准备和过去时。因此，相对而言，其认知和行动不是他追求的、想要的、需要的，而是无目的的、不刻意追求的、"无动机的"，或非他人迫使的。

9. 换个说法，这些也可称为独特性、个体性或特色的最高阶表现。如果原则上没有两个人是完全相同的，他们的高峰体验差异将更纯粹。如果在很多方面（他们扮演的角色）人和人可以相互交换，而在高峰体验中，由于没有了他们需要扮演的角色，他们相互交换的可能性就降到了最低。在高峰体验中，他们是最本质的自己，完全体现了"独一无二的自我"这一表达法的真正含义。

10. 在高峰体验中，一个人最大程度上生活在此时—此刻中（133），过去和未来的种种含义都不存在了，他最大程度活在"当下"。举个例子，他此时的听觉比其他任何时候都要好，因为他可以全神贯注地倾听而不会根据过去的情景（不会与当前的情况完全相同）做出期待，他不会根据经验期待听到某些内容，也不会根据自己对未来的计划（这意味着将现在视为实现未来目标的一种手段，而非目的本身）和恐惧而预判会听到什么。另外，由于没有欲求，他也不会根据恐惧、憎恨和期望在未听之前就先下结论。他也不用将当下之物与不在场之物进行对比，以便进行评估（88）。

11. 处在高峰体验中的人现在变成了一个纯粹的灵魂而不是受制于世界运行规律的生物（见第十三章）。这就是说，他更多地遵循着内在心理的运行规律而不是非心理现实的规律——倘若二者之间存在任何差异的话。这听起来像一个矛盾或悖论，但并不是。而且，就算真的是一个悖论，我们也得接受，因为这包含着一定的意义。只有当一个人同时对自己和他人都抱着"任其自然"的态度时，才会出现 B 型认知。尊重并爱自己和他人，才能实现相互宽容、支持、鼓励。不控制能让我更好地理解自我以外的一切，即让其保持本性，允许其按照自己的规律而不是我的要求来行事。就像我将自己从非自我世界解放出来时，我才能变得更纯粹，拒绝外在的掌控，拒绝按照外在规律行事，坚持遵照自己内在的规律和法则行事。当这一切发生之后，我们发现内在心理（我）与外在心理（他者）并非截然不同，也并非真的对立。事实证明，两套法则都很有趣，甚至可以实现融合。

要让读者更好地理解这一词汇迷宫，最轻松的办法是以两人之间的 B 型爱恋关系为例。当然，其他类型的高峰体验也能说明问题。显然，在这个理想的话语层面（我称之为 B 层面），诸如自由、独立、掌控、放手、信任、意愿、依赖、现实、他人、独立性等，都具有非常复杂和丰富的含义，而这些含义是 D 层面不具备的，因为后者对应的是日常、匮乏、需求、自我求存、二元对立、两极化、分裂。

12. 强调顺其自然、无欲无求，并将其置于我们研究内容的中心（或者结构中心）是有一定理论优势的。在上述的种种方式和某些限定意义下，当一个人处于高峰体验状态时，他变得无欲无求（或者无动力）——尤其是从匮乏理论的角度来看。在同样的话语层面上，将最高级、最真实的自我描述为顺其自然、无欲无求，即超越了通常意义上的需求动机，其含义是相同的。他就是他自己，这样他已经获得了喜悦，故暂时不再需要追求喜悦。

关于自我实现者，我在前面已经作了类似描述。此时，一切都自动奔涌而出，无须意志，无须费力，毫无目的。他完全发挥了自己的功能，没有匮乏，不是为了追求稳态，也不为了满足需求，不是为了规避痛苦、快感或死亡，不是为了未来的某个目标。他的行动和体验只是为了行动和体验本身，是自证合理的，是终极行动、终极体验，而不是作为手段的行动或体验。

在这个层次上，我将自我实现者称为神一般的人，因为大多数神被认为是没有需求、没有匮乏、没有不足的，一切都能令他感到满足。人们推理认为，无欲无求是神的标志，尤其是那些"最高级""最好"的神更是如此。当我试图理解人们无欲无求的行为时，我发现这一推理十分有启发性。比如，我发现此结论可以作为阐释神性幽默和乐趣理论、无聊理论、创造性理论等的基础。人类胚胎没有需求这一事实是第十一章讨论的高级涅槃和低级涅槃混淆的一个原因。

13. 高峰体验中的言辞和交流往往是诗意、神秘和狂喜的，仿佛这样的语言是此体验的一种自然语言。但这是最近我从受访者和自己身上才注意到的一个现象，所以还无法谈论太多。在第十五章有所提及。就自我理论而言，这一点似乎证明，一个人越真实，就越会变得像诗人、艺术家、音乐家和先知。[①]

14. 所有的高峰体验都可以理解为大卫·M. 利维（David M. Levy）所谓的"动作完成"（90），或格式塔派心理学家所谓的闭合，或里奇所谓的高潮，或是完全释放、宣泄、巅峰、高潮、终结、清空或结束（106）。与之对照的包括种种未完成问题：半空的乳房或

---

① 诗是一个最快乐、最佳大脑在最佳、最快乐时刻的记录。——雪莱

前列腺，胃肠蠕动不畅，悲痛郁结，节食中的饥饿感，永远不干不净的厨房，不完全性交，强压怒火，无法练习的运动员、墙上无法摆正的画，犯傻受罚，效率低，不公平，等等。从上述例子，读者应该能够理解，在心理上"完成"多么重要，以及此观点对于理解顺其自然、整合、放松等心理现象的重要性。从外在世界的视角看，完成意味着完美、公正、美丽、目的而非手段,等等（106）。由于外在世界与内心世界在某种程度上是同构、辩证统一的（互为"因"），我们得以窥得美好世界与好人相互成就的问题。

这对自我认知有何影响呢？或许，一个真实的人在某种意义上，本身就是完整的或已经抵达终点；某些时刻，他一定主观上体验到抵达终点、完成、完美的感受；同时，他也一定理解了世界上终点、完成、完美的状态。也许只有高峰体验者才能实现获得完全的自我认知，而没有高峰体验的人则始终存在缺憾、不足、匮乏、奋争，他们的生活充满了手段而非目的。倘若日后证明这二者并非一一对应关系，但至少可以肯定，真实的自我与高峰体验是正相关的。

身心紧张与不完满不仅与内心宁静、平和、心理健康等不兼容，同时也与人的身体健康不兼容。这里我们也许对一个令人不解的问题有了一点线索：很多人报告称，在高峰体验中，不知怎么，他们更希望（美好地）死去，就好像生活太美好，人们希望在美好中逝去一般。正如兰克（76，121）所指出的那样，圆满或善终兴许在隐喻、神话或古语中的意思是死亡。

15. 我强烈地认为，风趣感是一项 B 型价值。其中的一些理由，我在前面已经有所提及。最重要的一点是，很多有高峰体验（既包括体验者内心,也包括其观察到的外在世界）的人都报告过这一点，且体验者的研究人员也能观察到这一点。很难描述这种 B 型风趣感，因为英语无法完全胜任这项工作（整体而言，英语都无法描述"高级"的主观体验）。风趣感具有一种宇宙或神一般的幽默品质，能超越任何敌意。更大众点说，也许是开心快乐、喜气洋洋或者愉悦。风趣感像富足或盈余（非 D 型动机）那样会四处外溢。风趣感是一种存在现象，因为它既反映出人类的弱小（缺点），也反映出人类的强大（优点），因而超越了主宰—顺服两极分化特性。它既包含着某种胜利也包含某种释然；它既成熟又幼稚。

风趣感是终局、乌托邦、优心态，就像马库斯（93）和布朗（19）所阐述的那样具有超验性。风趣感也可以算得上是一种尼采哲学。

其定义本身就包含从容、轻松、优雅、好运、无拘无束、不怀疑、欣赏（不是嘲讽）这样的 B 型认知，超越自我，超越手段，超越时空，超越历史和地域。

最后一点，风趣感本身是一种整合力量，就像美、爱或创造性智力一样。因为它是二元对立的破除者，是很多难题的解决方案，让我们认识到解决问题的方法之一，就是觉得这个问题很有意思。风趣感让我们同时生活在 D 层面和 B 层面，同时成为堂·吉诃德和桑丘·潘沙。

16. 处在高峰体验中，或结束高峰体验之后，体验者普遍的感觉是幸运、感恩。不少人的反应则是"我不配得到这样的体验"。高峰体验并非预先计划或提前设计好的，相反，高峰体验是自发的。我们"被快乐震惊了"（91a）。还有许多人的反应是惊喜、意外、"甜蜜的认知休克"。

高峰体验带来的一个常见影响是感恩：宗教人士对神的感恩，其他人对命运、自然、人、历史、父母、世界，以及任何帮助他们见证这一奇迹的事物表示感恩。进而，他们会膜拜他们所信仰的神，进行表达感恩、表达爱意、给予赞扬、贡献祭品或其他宗教性的活动。显然，任何超自然抑或自然、宗教心理学，都必须对此加以解释；此外，任何关于宗教起源的自然理论也必须对此加以解释。

很多时候这种感恩之情会表达为或触发对人和一切事物的普遍爱心，会让人觉得世界是美好的，并产生为这个世界做出有益贡献的冲动，一种回报他人与世界的渴望和义务感。

最后，这一点也可能是我们描述自我实现者、真实自我坚持者所怀有的谦恭和骄傲的一个理论桥梁。幸运的人，满怀敬畏、感恩之心的人不会认为自己得到这样的高峰体验是完全应该的，他一定会自问："我配得到这样的体验吗？"这些人将谦恭与骄傲的二元对立融合成一个复杂的上级统一体——既骄傲（在某种意义上）又谦卑（在某种意义上）。骄傲（杂糅着谦恭）不是目中无人或自大狂；谦恭（杂糅着骄傲）也并非受虐狂。只有将二者进行二元对立才会使其病态化。B型感恩让我们将英雄与谦恭的仆人同时置于一张皮之下。

结　语

我想强调一下前面我提到过的一个主要悖论（第二个），即便我们还不能理解这一悖论，我也必须面对。这个悖论就是：自我认知的目标（自我实现、自主、个体性，霍妮所谓的真我、真实自我认知，等等）似乎既是以自身为目的的终极目标，又似乎是一个过渡性目标，是一场过渡仪式，是通往自我超越的一个台阶。这就是说，其功能正是消除自己。换言之，如果我们的目标是东方哲学里所谓超越和革除自我、放弃自我意识和自我观察、与世界融合并同化（比克）、实现和谐（安吉亚尔），其最佳实现方法仿佛是人们先实现自我的认知，成就强大的自我，并经由基本需求—满足路径才能实现，而不是禁欲苦行。

下面一点可能和这个理论有些相关性。年轻的受访者报告说，在高峰体验中，他们会出现两种身体反应：其一是兴奋和高度紧张（"我感觉很疯狂，想上蹿下跳，想大喊大叫"）；其二是放松、平和、安静、静止的感觉。比如，在满意的性生活之后，或一次美学体验，或创造激情之后，就可能产生其中一种身体反应。要么是持续的高度兴奋，导致无法入睡，或是不想入睡，甚或失去胃口、便秘，等等；要么就是完全放松、不想动弹、深度睡眠，等等。这些现象意味着什么我还不清楚。

第八章　B型认知的一些危险

本章旨在纠正关于自我实现的一些误解，即认为自我实现是一种静态、不真实、"完美"的状态，在该状态下，人类的所有问题都迎刃而解，在超人才具备的内心宁静与狂喜状态中，"从此永远幸福地生活下去"。我在前面已经指出（97），从现实经验来看，这是不可能的。

为了将这一事实阐述得更清楚，我可以将自我实现描述为人格发展到一定的阶段，个人摆脱了青年期的匮乏问题和生活中的神经症（或者幼稚、幻想或不必要或"不真实"的）问题，而是能够直面、承受、应对生活中的"真正"问题（人类本质和终极的问题，不可避免、没有完美解决方案的"存在"性问题）。换言之，不是没有问题了，而是从过渡性或不真实的问题转向真正的问题。为了达到振聋发聩的效果，我甚至可以将自我实现的人称为自我接受、有洞见的神经症患者，因为这个称呼可以界定为"理解和接受人的内在本质"的同义词——勇敢地面对并接受，甚至是享受，欣赏人性的"缺点"，而不是竭力否认。

真正让人，甚至（或尤其）那些最成熟的人，难以驾驭的就是这些真正的问题——我未来会讨论这些问题。比如，真正的负罪感、真正的伤感、真正的孤独、健康的自私、勇气、责任、为他人负责，等等。

当然，随着人格的发展，的确会产生量（也包括质）的提升，这与看清真相不再蒙骗自己而获得的内在满足感还很不一样。从统计角度上讲，大多数人类的负罪感都是神经症而非真正的负罪感。摆脱掉神经症负罪感意味着整体负罪感的减少，即使真的负罪感可能仍然存在。

不仅如此，更成熟的人格也会有更多的高峰体验，而且似乎更深刻（尽管"沉迷式"或阿波罗式的自我实现也许不是这样的）。这就是说，人性发展充分的人还是会有问题和痛苦（尽管是"更高"层次的），但问题或痛苦的数量会少一些，而快乐的质量和数量会多一些。总之，一个人的人格发展成熟度越高，自己的主观感受就越好。

研究发现，自我实现者比普通人更擅长所谓的 B 型认知，即我在第六章提到的对本质或"是什么性质"、本质结构和动力，以及某物、某人或一切事物的潜能的认知。B 型认知与 D 型认知（D= 匮乏需求动机）或人类中心和自我中心的认知完全相反。正如自我实现不意味着没有问题，B 型认知作为自我实现的一个侧面，也存在一定的问题。

B 型认知的危险

1. B 型认知的一大危险是让人无法采取行动，至少是让人在行动上犹豫不决。B 型认知缺乏判断、对比、谴责或评估，这就导致难以决策，而这又导致行动意愿不足。再加上 B 型认知是被动感知、欣赏、不予干涉，即所谓"任其自然"。一个人在感知癌症或病毒时，如果感到震撼、欣赏、好奇，被动地沉醉于对癌症或病毒的丰富理解带来的喜悦中，他会什么也不干。愤怒、恐惧、改善当前处境、毁灭或杀戮、谴责、以人为中心的种种结论（"这对我不好"或"这是我的敌人，会伤害我"）都被遏制了。对错、善恶、过去与未来等概念都与 B 型认知无关，也不再起作用。从存在主义的意义上看，B 型认知甚至与世界无关。从普通的意义上讲，B 型认知也是非人性的，这是一种神一般、充满同情、非活跃、不干涉、与行动无关的认知，与人类中心意义上的敌友概念无关。只有在 D 型认知模式下，行动、决策、判断、惩罚、谴责、对未来计划才成为可能（88）。

因此，B 型认知的危险在于当需要采取行动时无法采取行动。[①]由于大多数情况下，人是活在世界上的，采取行动（防御或进攻行动，或者采取他人眼里的自私行为）是必须的。从他们自身的"存在"来讲，老虎（蚊子、苍蝇、细菌）都有自己的生存权利，人也有自己的生存权，因此二者之间存在不可避免的冲突。尽管从 B 型认知视角看，杀死老虎是不正确的，但为了自我实现，

---

① 也许，从奥尔兹（Olds, 129a）的著名实验中可以找到相同的情形。刺激一只小白鼠大脑里的"满足中枢"，小白鼠顿时一动不动，似乎很"享受"这种体验。人在药物的作用下体验到极乐后会变得安静、不活跃。为了能留住渐渐逝去的美好梦境，最好的办法就是一动不动（69）。

又必须杀死老虎。这就是说，即便从存在主义的视角看，一定程度的自私、自我保护、必要的暴力甚至凶残是自我实现的本质和必要的条件。因此，自我实现既需要 B 型认知也需要 D 型认知。这意味着自我实现的概念必然包含冲突、现实的决断、选择。争斗、挣扎、奋斗、不确定性、愧疚、遗憾必须成为自我实现的附带产品。这意味着，自我实现必然既包含内观又包含行动。

现在社会劳动分工是可行的，因此爱动脑的人可以不用动身体。我们不用亲自切我们的牛排。戈尔茨坦（55，56）对此进行了非常宽泛的概括。比如，他那些大脑受损的患者不必进行抽象思维，也不会过度焦虑，因为其他人会保护并帮助他们完成自己无法完成的活动，自我实现者普遍来说也是如此，至少说，这是一种专业的行为，因为其他人允许并帮助自我实现者完成自我实现（我的同事沃尔特·托曼在和我的交谈中也强调，在专业化的社会中，全面自我实现变得越来越不可能）。爱因斯坦，这位在晚年高度专业化的人才，由于有了妻子、普林斯顿大学和朋友等的帮助，才做到了自我实现。爱因斯坦能够放弃全面发展，获得自我实现，是因为有别人的帮助。如果独自一人被关在一座荒岛上，也许他只能做到戈尔茨坦意义上的自我实现（"在世界允许的范围内最好地发挥他的才能"），但无论如何不会达到专业化的自我实现程度。也许他可能完全无法做到自我实现，这就是说，他可能死去，或因为其他方面的无能而感到焦虑和自卑，或者他可能跌落到匮乏需求的层次。

2. 存在性认知与内观的另一个危险，是可能使我们不负责任，尤其是对别人不肯伸出援手。一个极端的例子是对婴儿的责任。让婴儿"任其自然"是害了他，甚至是毁了他。对非幼儿、成年人、动物、土壤、树木、花朵等，我们都负有责任。如果一个外科医生看到一个大肿瘤之后，惊叹且沉醉其美，可能会置患者于死地。我们若赞美洪水，就不会筑堤造坝。因为不行动而造成的恶果，不仅会让他人受苦，内观者也会因为自己只内观、不行动而给他人造成的不良影响感到内疚。（他之所以感到内疚是因为他对他们怀着某种爱，他与自己的"兄弟们"怀有爱的认同感，即在乎他们是否获得自我实现，如果他们死去或遭难，他们就不能做到自我实现了。）

老师对学生、父母对子女、心理医生对患者便是这种两难问题的最佳范例。这些关系都是独一无二的。一方面我们需要做到"任其自然"，另一方面我们必须承担老师（父母、心理医生）帮助他人成长的责任。这些责任包括设定界线，纪律，惩罚，不予满足，故意设置障碍，要让他们产生和忍受敌意，等等。

3. 不行动、不负责可能会产生致命后果，即，"听天由命吧。这是命中注定的，我也无能为力。"这种放弃主动性、自我意志的行为，是糟糕的决定论，对每一个人的成长和自我实现都是有害的。

4. 静态内观的受害者对此概念总是怀有误解，这几乎是不可避免的。他们会认为静态内观就是不爱、不关心、不同情他人。这不仅会导致他们无法成长为自我实现者，还会让他们的成长退步，因为这一误解让他们认为世界是糟糕的，人是糟糕的。他们将"任其自然"理解为忽视、缺乏关爱，甚至蔑视。因此他们对他人的爱、尊敬和信任会降低。这对儿童、青少年和懦弱的成年人而言，意味着世界变得更糟糕了。

5. 作为上述情形的一个极端例子，纯粹的内观，就是不写、不管、不教。佛教徒认为辟支佛（Pratyekabuddha）与菩萨有别，因为辟支佛达到开悟的境界不为别人，只为自己。而菩萨却认为，只要还有人没有开悟，自己的超度就不完美。可以说，为了他的自我实现，他必须不贪念自我认知带来的极度愉悦，要去帮助他人，教导他人（25）。

佛陀的开悟是纯粹个人的体验还是众生和世界的体验？诚然，书写和教育通常（不是始终）是规避极乐或狂喜而采取的手段，这是说，为了帮助他人上天堂，自己得放弃天堂。禅宗教徒或道教徒所谓，"道可道，非常道；名可名，非常名。"（这就是说，要体验自我实现的唯一方法是体验它，任何一种语言都无法描述它，因为它是不可言传的。）

当然，双方都有正确的一面（因此这是一个永恒的、无解的存在主义两难问题）。如果我发现了一片可与人共享的绿洲，我应该独自享受，还是邀请别人一起共享以挽救他们的生命？如果我发现了一片静谧、无人烟的原始美景，我应该让其保持原状还是把它建成可供千百万人游玩的国家公园呢？如果是建成国家公园，因为游客众多，会损其原貌，甚至毁了它。我应该拿出私人海滩与人共享还是将其变成公共海滩？那些尊重生命、不愿杀生的印度人，把牛养得肥肥的，但他们的婴儿却因营养不足而死去，这样做到底是对还是错？在一个贫穷的国度，当一群饥饿的孩子眼巴巴地望着我时，我该享受多少食物？我也该忍饥挨饿吗？在这些问题上，没有一个完满的、无瑕疵的、理论上先验的答案。不论给出什么答案，肯定都有一丝遗憾。自我实现必然是自私的，又必须是无私的。如此，必然会涉及选择、矛盾，可能还有遗憾。

劳动分工原则（与个体体质差异原则相关）也许能帮助我们找到一个较好的答案（尽管永远无法给出一个圆满的答案）。就像在各种宗教教义中，有人听到的召唤是"利己的自我实现"，另外一些听到的则是"为善的自我实现"。也许，作为一项福利，社会可以要求一些人做"利己的自我实现者"、纯粹的内观者，以作为支持。因为这些人可以为社会树立一个好榜样，给别人以启示，证明真正、超脱尘世的内观是可以存在的。许多伟大的科学家、艺术家、作家和哲学家都得到了这样的社会支持，得以免除他们教学、写作和承担社会责任的义务，不仅因为他们很"纯粹"，也是希望赌一把：他们能够最终回馈社会。

不仅如此，这一两难问题还让我所谓的"真内疚"问题（即弗洛姆所谓的"人性内疚"）更加复杂化。我之所以将其称为"真内疚"问题，是为了与神经症引起的内疚感进行区分。真内疚感是没有勇气面对真实的自己、自己的命运和本性造成的；另见莫雷尔（119）和林德（92）。

但这又引发了一个新问题，"如果对自己坦诚，对他人不坦诚，又会导致什么内疚？"我们都知道，有时坦诚对待自己和坦诚对待他人难免会产生冲突。从二者中选择其一是可能也是必要的，但只在极少数时候这一选择令人完全满意。戈尔茨坦教导我们，你要坦诚对待自己，就得坦诚对待他人（55）。阿德勒也说，把社会利益放在心里是一个人心理健康的内在标志性特征（8）。如果一个自我实现者为了挽救他人而牺牲了自己的部分利益，世界应为此感到遗憾。反之，如果一个纯粹（且自私）的自我实现者必须首先对自己坦诚，那么世界应该因为他不想帮助世人，故没有著书立说，没有泼墨挥毫，没有忠告良言，而感到遗憾。

6. B型认知还会导致无区别地接受一切，模糊日常的各种价值判断，失去品味，过于宽容，因为如果从自身的生命存在来看，每个人都是独一无二的。因此，评价、谴责、判断、否定、批评、比较对他而言都不适用（88）。尽管对心理治疗师、恋人、老师、父母、朋友等而言，无条件地接纳是必要条件，但对法官、警察和管理者等而言，这显然是行不通的。

这里提到的两种态度在某种程度上是不兼容的。大部分心理治疗师不会约束或惩罚他们的患者,而老板、管理者、将军对于自己管理或负责或惩罚的对象绝不会采取心理治疗师的宽容,也不会为他们承担个人责任。

大多数人都会遇到的两难困境是,很多时候他们必须既是"心理治疗师"又是"警察"。我们大概可以想象,那些人性化程度越高、对待两种角色越认真的人,比普通人感到更为难。普通人甚至都没有意识到存在这样的两难困境。

也许是因为这个或其他原因,我们研究过的自我实现者通常都能很好地驾驭这两种角色。大多数时候,他们同情、理解他人,同时又比普通人能更好地表达自己正当的义愤。一些数据显示,相较于普通人,自我实现者和健康的大学生能更明确、充分地表达他们正当的不满和义愤。

除了能够理解他人、富于同理心之外,一个人还必须具备表达愤怒、反对意见和不满的能力,否则一个人的感情就会十分平淡,对他人的反应雷同,无力表达愤慨,无法区分和甄别真正的能力、技能、优点和强项。这对于专业的 B 型认知者而言将可能是一种职业风险。比如,人们对于心理治疗师的一个普遍印象是,他们在自己的人际交往中表现得中立、缺乏反应、过于平淡,甚至太没有脾气——如果仅仅从表面来看,心理治疗师们的确是这样的。

7. B 型认知通常认为他人是"完美"的,这很容易让他人误以为自己真的很"完美"。我们知道,无条件地接纳、全心全意地被爱、彻底赞同可能会极大地强化和促进自我成长,心理治疗效果会非常明显,但我们现在必须意识到,他人可能会误以为认知者期待他努力达到这种完美,而这种期待是不现实的,让人难以忍受的。

他越是感觉自己能力不足、不够完美，他越会对"完美"和"接纳"这两个词产生误解，因而会更觉得不堪重负。

事实上，"完美"一词有两层含义：一是存在领域内的完美，另一层是匮乏领域的完美。在 B 型认知中，"完美"意味着完全现实地认知和接纳一个人的一切。在 D 型认知中，"完美"意味着必要的错误认知和幻象。在第一层意义上，所有人都是完美的；在第二层含义上，没有人是完美的，也不可能是完美的。这就是说，我们从 B 型意义上看他是完美的，而他自己却认为我们是在 D 型意义上把他视为一个完美的人，因此他感觉自己名不副实，进而感到不舒服，甚至感到愧疚，仿佛我们在欺骗他一般。

我们可以推断，一个人越擅长 B 型认知，他越享受别人从 B 型视角认知他。我们于是推测，对 B 型认知者而言，因为他完全理解和接纳他人，但认知对象可能会误解他，这意味着如何选择他的认知策略可能是一个非常棘手的问题。

8. 由于篇幅的限制，我在这里能够谈及的最后一个 B 型认知的策略问题是过度美学主义。对生活的美学需求常常在本质上与生活对现实、道德的需求相冲突（就像传统上风格与内容存在冲突一样）。将丑陋的事物进行美学呈现是一种可能性，而另一种可能性则是对真、善、美的事物进行笨拙、无美感的呈现。（我们就不谈及对真—善—美事物的真—善—美呈现了。）关于这一两难问题历史上已有不少争论，在这里我只强调一点：更成熟者需对不够成熟者将 B 型认知和 D 型认知混淆的事实承担社会责任。B 型认知者对诸如同性恋、犯罪、不负责任等现象的同情和美好呈现可能被 D 型认知者误解为是在鼓励模仿。这对 B 型认知者而言是一个额外的负担，因为他周围都是充满恐惧、容易受他人影响的人群。

实证结论

我的自我实现受访者如何看待 B 型认知与 D 型认知的关系（97）？他们认为内观到行动有何关联？尽管在研究过程中，我还没有想到这样的问题，但通过回顾，我可以总结出下列印象。首先，就像我在一开始就指出的，与普通人相比，这些受访者的 B 型认知能力和纯粹内观和理解能力都胜人一筹。不过，这似乎只是程度问题，因为每个人都或多或少地具备 B 型认知、纯粹内观、高峰体验等能力。其次，他们更擅长采取有效行动和 D 型认知。当然，必须承认，这有可能是我们选择的美国受访者的特性使然。甚至可能是因为选择这些受访者的人是个美国人造成的。无论如何，我们必须声明，我的受访者中没有佛教徒之类的人。再次，根据我的回忆，大部分发展充分的人大部分时间过着我们所谓的普通生活——购物，吃饭，讲礼貌，看牙医，想着钱的问题，在选择黑色或棕色皮鞋之间犹豫很久，看无聊的电影，读流行小说。通常，他们也会因为无聊而焦躁，因为做错事而震惊，尽管他们的反应不会那么强烈或带着更多的同理心。高峰体验、B 型认知、纯粹内观，无论这些体验发生的相对频率是多少，以绝对数量来看，对这些自我实现者而言也是罕有的体验。不过，更成熟的人在其他方面则生活在一个更高的层次。比如，能更清醒地区分手段和目的，认识问题更深刻而非表面，表达更清晰，更主动和乐于表达，与自己的亲人或爱人关系更紧密，等等。

因此，这更多的是一个终极问题而非当下问题，一个理论问题而非实践问题。但这些两难问题不仅在理论上对于刻画人性的可能性和局限性有重要意义，它们也是真正愧疚感、真正冲突及我们或许可称为"真实存在精神病理学"的起因。我们不得不像对待个人问题那样，持续与之斗争。

第九章　抵抗被标签化

在弗洛伊德的概念体系中，"对抗"指的是保持压抑，但沙赫特尔（147）指出，若一个想法无法抵达无意识，除了人为压抑之外，还存在其他因素。儿童期一些清晰的意识在成长过程中可能被"遗忘"。我也曾尝试称对初级过程中无意识认知的抵抗为弱抵抗，将禁止产生冲动和想法称为强抵抗（100）。这些及其他研究都显示，也许应该将"抵抗"这一概念扩展为"所有原因引起的洞察困难"[身体原因除外，比如，弱智、思维退化、性别差异，以及谢尔顿（Sheldon）所谓的体质类型因素除外]。

我要强调的是，在治疗过程中，患者还可能对心理治疗师随便对其"贴标签"或不严谨的分类的做法产生"抵抗"，即抵抗他人剥夺其个体性、独特性、与他人的差异、自己特殊的身份，这种抵抗是健康的。

我以前（97，第十四章）就曾经指出，贴标签是一种廉价的认知方式，换言之，这种行为事实上等于没有认知，是用快速、简单的分类来取代必要的、仔细的、个性化的观察或思考的做法。在一个系统中找到一个人的位置比认知其独特性要少花很多力气，只需找出其与某个类别事物——比如，婴儿、服务员、瑞典人、精神分裂症患者、女性、将军、护士，等等——共有的一个抽象的特点即可。贴标签行为关注的是一个人与其所属类别的共性——他只是该类别中的一个样本——而非差异性。

在同一篇文章中，我也指出，对一个人而言，被贴上标签让人感到受辱，因为自己的个体性被剥夺，或作为人及与众不同的自我遭到忽视。威廉·詹姆斯（William James）1902 年提出了一个很著名的观点：

"人的智力对一件物体所做的第一件事情就是对其进行分类。但任何对我们有着重要性及能让我们全神贯注的事物，必然是让我们觉得独一无二的事物。也许，一只螃蟹听到我们毫不犹豫或毫无歉意地将其贴上甲壳类这个标签，然后将其弃置一边时，会火冒三丈。'我根本不是那玩意儿，'它可能会说，'我就是我，独一无二的我。'"（70a，第 10 页）

最近在美国和墨西哥做的一项关于男性特质和女性特质的一项研究也很好地说明了这一点（105）。很多美国女性，在初步适应墨西哥生活后，会因为别人重视其女性身份而感到十分享受——所到之处，她们都会被各种年龄层次的男士关注，觉得她们很漂亮，很有价值，朝她们吹口哨、打招呼。对很多美国女性而言，虽然对自己的女性特质常常感到矛盾，但这样的体验还是让她们很享受，感觉很治愈。这让她们变得更女性化，更乐于享受自己的女性身份，而这又反过来让她们显得更女性化。

但随着时间的推移，她们（至少她们中的一些人）不再觉得这种待遇是一种享受，因为她们发现，对墨西哥男性而言，所有女人，无论老少、美丑、聪明或愚笨，都很有价值。更糟糕的是，她们发现，和美国年轻男性不同（就像一个女人说的："如果你拒绝他的表白，他会很受伤，不得不去看心理医生。"），墨西哥男性在遭到女性拒绝后，会非常冷静，过度冷静。他似乎毫不在意，很快就会去找另一个女人。这意味着，她在他眼里并非独一无二，并非他唯一珍惜的女人；相反，她只是一个女人，与其他女人一样好，是可以互换的。她发现，有价值的不是她本人，而是她的"女人"类属。最终，她感到很屈辱，因为她希望男人喜欢她是因为她是她自己，是一个独特的人，而不是因为她的性别。当然，女性身份于个人身份而言是需要优先满足的需求，而一旦得到满足之后，就会产生个人身份需求的满足。对女性而言，长久的爱情、一夫一妻制和自我实现都是建立在她是一个独特的人而不是一个"女人"类属概念之上的。

"哦，这只是你需要经历的一个人生阶段而已。最后你都会摆脱这些问题的。"每当年轻人听到别人这么说都会感到特别愤怒，而这种愤怒就是抵抗贴标签的另一个例子。一个青少年正在经历的痛苦是真实且独特的，不应该因为千百万青少年都遇到同样的问题而被一笑而过。

最后一个例子：一个心理治疗师在和可能成为其患者的人进行简单匆忙的交流之后，得出结论，"你的问题基本上是你这个年纪的人普遍存在的问题。"这位潜在的患者听后非常生气，后来她在给我的反馈中写道，感觉自己被"拒之门外"，受到侮辱，治疗师对待她就像对待小孩一般："我不是一个样本，我就是我，我和其他人都不一样。"

类似的例子可以帮助我们拓展经典心理分析理论中的抵抗概念。按照惯例来讲，抵抗是神经症患者的一种防御，是为了抵抗康复或为了避免直面不愉快的真相，因此经常被视为令人不快的现象，需要通过心理分析去除。但正如前面的例子所显示的，过去抵抗被视为一种病态，但在某些情况下应该被视为一种健康的心理，至少不是一种病态。心理治疗师在治疗过程中遇到一些困难，患者拒绝治疗师的一些解析，他们对治疗师的不满和攻击，他们的固执，在某些案例中几乎都是因为他们拒绝被贴上标签。这种抵抗可被视为一种自我独特性的保护行为，以及因为个体身份受到侵犯或忽视而采取的保护性措施。这样的反应不仅能保护个人的尊严，也保护他们免受精神治疗中照本宣科的错误分析、"胡乱分析"、过度智力化、不成熟分析或解释、毫无意义的抽象或概念化的危害，这些错误分析都暗含着对患者的不够尊重。类似问题，请参看欧康纳（O'Connell，129）。

新手心理治疗师是一群"教科书男孩"，没有治疗经验的理论家，脑袋里塞满了概念，认为治疗就是照搬概念罢了。他们刚本科或硕士毕业，刚记住了费尼切尔（Fenichel）的理论就急切地告诉室友他是什么类型的——这些都是患者需要防备的标签型心理治疗师。这些人，甚至可能在患者首诊时，就会随随便便地匆忙下结论，"你是肛门型人格"，或"你一直想掌控每个人"，或"你希望跟我上床"，或"你有恋父情结"，等等。[1]将这种为了避免被贴标签而采取的合理自我保护反应称为"抵抗"，只是滥用心理学概念的另一个例子罢了。

幸运的是，心理治疗界已经有负责任的治疗师开始出现反标签化的势头。一个现象是普遍不再使用分类法、"克雷佩林分类法"或"国家精神病院"心理治疗法。这些治疗方法中主要的——有时也是唯一的——治疗方法，也就是对患者进行分类。但经验证明，心理诊断有时只是为了满足法律、管理等方面的需求而已。现在，即便是在精神病院，人们也越来越清楚地认识到，没有一个患者是教科书式的患者。医院医生例会上的诊断说明正在变得更长，

---

① 即便是最好的心理治疗师，在他们生病、疲倦、心有旁骛、焦虑、无兴致、蔑视患者、忙碌等情况下，这种给患者贴标签（而不是使用具体、个性化、以患者为中心、基于经验的言辞）的可能性会大增。故在心理医生进行反移情自我分析过程中，标签化也起到了一个辅助作用。

更丰富，更复杂，更少贴标签。

人们开始意识到，如果为了心理治疗，患者应当被视为一个独一无二的人而不是某种类型的一员。理解一个人与对其进行分类或贴标签是不同的。理解一个人是心理治疗的前提。

结　语

人们都反感被贴上标签或被分类，他们认为这是对他们个性（自我）的否定。所以，他们可能会以各种可能的方式进行反击，以保护自己的个体性。在心理治疗中，治疗师要同情和理解这些反应，知道若患者感觉自尊受到严重侵犯，就会采取行动保护自尊。因此，所有的自我保护反应都不应称作"抵抗"（其含义是为了保护某种疾病而采取的行动），或者"抵抗"的内涵意义应该扩大到包含多种意识困难。此外，还需指出一点，这样的抵抗对于保护患者免受不良心理治疗师的侵害十分有益。①

---

①　这一观点也可以视为对心理治疗师和患者之间整体沟通问题的一点贡献。优秀的治疗师需要将自己学到的普遍知识运用到具体的案例中去。他虽然对自己依赖的理论体系很熟悉，且治疗经验丰富，但只在概念层面上讨论这些，对患者是毫无用处的。内省疗法不仅是对无意识中的信息进行挖掘、体验和分类，还有很大部分工作是把各种有意识但没有命名，因而显得毫无关联的体验组织起来，甚至只是对一些主观体验进行命名。这样一来，患者或许会"恍然大悟"。比如，"老天！原来我一直都讨厌我妈妈，我还一直以为我爱她呢。"当然，可能无须借助无意识中的内容，他也能突然领悟，比如，"这就是你所谓的焦虑！"（指的是发生在胃、喉咙、腿、心上的种种体验，那些他意识到但不可名状的体验。）加深这些方面的理解，对于心理医生的培训是有助益的。

第四部分：创造力

第十章　自我实现者的创造力

自开始研究积极健康、成熟和自我实现者以来，我对创造力的看法第一次发生了改变。我原来一直认为，心理健康、天赋、才能和创造力含义相同，但我第一次放弃了这一观点。因为，我发现，在我的研究对象中，有相当一部分人在上述某些特殊层面上可谓健康并富有创造力，但从一般意义上看，他们既非才华横溢、资质过人，也非诗人、作曲家、发明家、艺术家或有创造力的知识分子。另外，很明显，一些最伟大的天才肯定是心理不健康的人，比如瓦格纳、凡·高或拜伦。有些天才心理健康，有些则不然，这一点非常明确。我因此得出下列结论：天赋与善良或心理健康没有必然联系，且我们对其知之甚少。例如，有证据表明，音乐和数学天赋多是遗传而非后天习得的结果（150）。似乎很明显，心理健康和天赋是两个没有关联的变量，两者之间可能有微弱的关联，也可能毫无关联。我们或许一开始就得承认，心理学对天才的了解不多，因此我也没有什么能够补充的。在这里我只谈谈每个人与生俱来的创造力，而这种创造力与心理健康之间存在一定关联性。

此外，我很快发现，与其他大多数人一样，我总是以作品来衡量一个人的创造力；其次，我下意识地将创造力局限于某些人类活

117

动领域，下意识地认为画家、诗人和作曲家的生活都是充满创意的，只有理论家、艺术家、科学家、发明家和作家有创造力，其他人都没有创造力。我还曾下意识地认为，创造力是某些专业人员的专属特质。

但我的研究对象打破了我的预期。例如，有一位女性，她没受过教育，家里很穷，是一位全职家庭主妇，在家照顾孩子，没做过任何传统意义上具有创新性的工作，但她是一位出色的厨师、母亲、妻子和主妇。只花费很少的钱，她就能把家里收拾得漂漂亮亮。她是一位完美的女主人。她做的饭菜堪比宴席上的菜品，她在桌布、银器、杯子、陶器和家具方面的品位无可挑剔。在这些领域，她别出心裁，心灵手巧，创造力十足。我必须承认，她真的很有创造力。从她和跟她相似的人身上，我明白了一点：做一碗一流的汤比一幅二流的油画更需要创造力。而且，在通常情况下，烹饪、为人父母或是打理一个家都可能需要创造力，而作诗不一定非得要创造力。有些诗歌毫无创造性。

我的另一位受访者致力于最广泛意义上的社会服务工作——包扎伤口，帮助那些穷困潦倒的人，不仅仅个人参与，还以组织的形式进行。她的一项"创造"就是建立了一个公益组织，这样她能够帮助更多的人。

还有一位心理治疗师，他是一位"纯粹"的临床治疗师，从来没有撰写过理论文章或做过实验研究。他非常喜欢每天帮助他人实现自己的创造力，像对待一位独一无二的人那样对待每一位患者。在治疗过程中，他不使用专业术语，也不对患者有任何预期或预设。他质朴、纯真，却有道家的智慧。每一位患者都是独一无二的个体，他们的问题都是全新的，需要用全新的方式来理解和解决。即便是复杂的病例，他也能成功医治，这足以证明他的"创造性"（而非老套或传统的）工作方法是有效的。另外一位研究对象让我认识到，创建一个商业机构也是具有创造性的活动。从一位年轻运动员身上，我领悟到，一个完美的抱摔动作也可以像十四行诗一样，是富有美感的作品，可以通过同样的创新精神来完成。换言之，我学会了用"创造性"（以及"美学"这个词）一词来形容人们的性格、活动、过程、态度而不仅仅是作品。不仅如此，我还学会用"创造性"一词来描述各种产品，而不仅仅是传统意义上标准的创意性产品，如诗歌、理论、小说、实验或绘画。

有一次我突然意识到，我原本认为有"创造力"的大提琴手（因为我把她和创造性音乐、创造力十足的作曲家联系在一起）事实上只是在演奏别人创作的曲子，她只不过是别人的"喉舌"，就如同普通演员和"喜剧演员"是别人的"喉舌"一样。一位优秀的木匠、园丁或裁缝的创造力可能比大提琴手更强，因此我必须具体情况具体分析，因为对于任何角色或工作，都可以创意十足地去完成，也可以毫无创意地完成它。

如此一来，我发现区别"天才的创造性"和"自我实现者（简称 SA）的创造性"十分必要。后者与人格相关，体现在日常生活事务中，比如，体现为一种气质。类似于做任何事时表现出的一种倾向——比如做家务、教学等都非常有创意。很多时候，自我实现者的创造力主要表现为一种敏锐的观察力，正如安徒生童话中那个看到皇帝没穿衣服的小孩一般——那种认为创造力只能由产品体现的观念与这一点相矛盾。自我实现者能够看清事物新颖、原始、具象、个性的一面，也能看到其普遍、抽象、标签、分类的一面。因此，他们更真实地生活在自然世界中，而不是生活在由概念、抽象、期待、信念、刻板印象构成的世界中。很多人将这个世界与真实世界混为一谈（97，第十四章）。罗杰斯的术语

"经验的开放性"就很好地表现了这一点（145）。

我访谈的自我实现者比一般人更主动，更善于表达。他们的行为更"自然"，自我控制和自我限制较少，更加轻松自由，更少阻碍和自我批评。自由地表达思想和冲动，不怕他人嘲弄的能力是自我实现者创造力的一个核心要素。罗杰斯用了一个很恰当的术语——"全面发展的人"——来描述这一健康的心理现象（145）。

另一个观察结论是，从很多方面看，自我实现者的创造力跟所有快乐和无忧无虑的孩子所具有的创造力一样，是自发的、毫不费力的、天真的、流畅的，是不受刻板印象和陈规限制的自由。同样，这种创造力很大程度上是建立在自由观察、"天真"和无拘无束的主动性和表达力基础上的。几乎所有孩子都能自由地观察，不会带着以往的经验，预期哪里应该、必定会出现什么东西，或哪里一直有什么东西。几乎所有的孩子都可以在没有计划或目的的前提下即兴创作一首歌、一首诗，编一支舞，画一幅画，发明一种游戏。

正因为我的受访者都比较天真烂漫，我认为他们是具有创造性的。但毕竟我的受访者不是儿童（而是五十岁到六十岁年龄段的人），我们可以说他们要么保留、要么重新获得了童真的两个特征：一是不贴标签、"经验开放"；二是轻松主动、自在表达。如果儿童是天真烂漫的，那么正如桑塔亚那（Santayana）所说的那样，我的受访者重新获得了"第二次纯真"。一方面，他们具备天真的感知力和自在的表达力；另一方面，他们具备成熟的思想。

总之，我们所提到的似乎是人性固有的基本特征，是所有人，或者说大部分人，与生俱来的潜能。但在人们适应某种文化的过程中，这种潜能丢失了，或被埋没，或被抑制了。

我的受访者之所以比一般人更有创造力，是因为他们还有一个一般人不具备的特质，那就是他们不怕未知、神秘、令人困惑的事物，相反，他们常常对此着迷甚至会将这些事物挑选出来，仔细思考，反复琢磨，沉迷其中。在此引用一段我对此的描述（97，第 206 页）："他们不忽视未知事物，也不会否定、逃避或试图假装已经了解该事物。他们在没有搞清楚之前，也不会对其进行组织、二元划分或进行分类。他们不会抓住熟悉的事物不放。他们也不会像戈尔茨坦所列举的脑部损伤者或强迫性神经症患者那样，出于对确定性、安全性、明确性和秩序的极度需求而探索真理。若现实情况需要，他们可以容忍混乱、潦草、无序、混沌、模糊、疑惑、不确定、不明确、粗略、不精确或不准确（在科学、艺术或一般生活中的特定时刻，这些都是可取的），且不会有任何不适之感。

"虽然对大多数人来说，疑虑、迟疑和不确定，以及由此导致的无法决策，都是折磨，但对自我实现者而言，这种挑战让他们感到十分愉悦、十分刺激，是人生的一个高点而非低谷。"

我曾经观察到一个令我多年迷惑不解的现象，现在终于有了一个答案。这就是自我实现者对二元划分的终结。简言之，我发现很多心理学家将种种二元对立和两极问题视为一条直线连续体。例如，让我困惑的第一个二元对立问题是，我的受访对象是自私的还是无私的。（瞧瞧我们多么容易陷入二选一的思维习惯中。我的问题中暗含的思维逻辑是，如果一边多了，另一边就会减少。）但现实迫使我放弃了这种亚里士多德式的逻辑思考方式。事实是，从某种意义上来说，我的受访者很无私，但是从另外一个意义上来讲，他们又非常自私。两种情况融为一体，不是互不兼容的二元对立，而是一个理性、动态的统一体，或者是像弗洛姆在关于"健康的自私"那篇论文中所描述的那样，是一个综合体（50）。我的受访者身上展现出自私和无私这一对矛盾，让我意识到，将自私和无私视为对立、互不兼容的两面本身就是人格发展低下的一个表现。类似的，许多其他二元矛盾在我的受访者身上都被融合成一个整体。比如，认知与意志（心对脑，愿望对事实）的二元对立，变成了以意志为"组织结构"的认知统一体；义务变成了乐趣，乐趣与义务相结合。工作和娱乐之间的界限变得模糊。当利他主义变成了利己主义，利己主义又怎么会反对利他主义呢？这些人非常成熟，但同时又非常天真。他们具有最强的自我，是最有个性的人，同时又是最容易做到无我、超越自我、问题导向型的人（97，第232—234页）。

伟大的画家所做的正是将不和谐的色彩、冲突的形式和各种不协调的事物融合成一个和谐的整体。伟大的理论家也是如此，他们将令人费解和前后矛盾的事实整合在一起，让我们明白其背后的逻辑是连贯的。伟大的政治家、治疗师、哲学家、发明家和父母也都有这样的能力，他们都是整合专家，能够将不相关甚至相互排斥的事物整合成一个和谐的统一体。

我们在这里说的整合能力，包含一个人内心的整合能力以及在内心的整合与其所从事的现实活动的整合之间进行的自由切换的能力。因此，在一定程度上，创造力需要建设、综合、统一、整合的能力；同时，在一定程度上也需要一个人内心的整合能力。

至于为什么是这样的，我感觉主要是我的受访者相对来说没有那么多恐惧。当然，他们被文化同化的程度也要低一些。换言之，他们似乎对别人的评论、要求或嘲笑没有那么恐惧。他们对别人的需求不多，因此对他人的依赖程度低，故而不那么害怕他人，对他人的敌意也要少一些。然而，更重要的或许是他们对自己的内心、冲动、情感、想法没有恐惧。他们的自我接纳程度比一般人高。他们对深层自我的赞同和接纳使他们能更勇敢地感知世界的真实本质，也使得他们的行动更自发主动（更少控制、拘束、计划，更少"意愿"和设计）。即便在他们"发神经"或犯傻或发疯时，他们也不害怕自己的想法。对于别人的嘲笑和反对，他们不那么害怕。他们可以让自己的情感爆发。相比之下，一般人或神经症患者会将自己的恐惧封闭起来，同时会对自己的内心撒谎。他们控制、约束、压抑、打压自己内心的想法和冲动。他们不接纳深层自我，也不希望他人发现他的深层自我。

简单地说，我的受访者因为自我接纳，拥有了更完整的人格和更强大的内心整合力，而创造力是其副产品。一般人内心经历的深层自我同防御和冲动控制之间的内战在我的受访者那里已经得到了解决，两者之间的分歧大大减少。因此，我的受访者有更多的力量用来进行享乐和创造性活动，他们不用花太多的时间来防御内心的对抗。

前面提到的关于高峰体验的知识也能够支撑和丰富这些结论。高峰体验也是整合体验，在一定程度上与体验者观察到的世界的整合度是同构关系。在高峰体验中，经验开放性及自发性和表达力也会增强。加之，一个人的内在整合程度取决于对深层自我的接纳和了解，因此上述几个方面都是个人创造力的来源（84），可以为我们所用。

初级、次级及整合创造力

经典的弗洛伊德理论已经完全无法满足我们的需要，其部分理论甚至与我们的实践数据相矛盾。该理论本质上（或者说过去）是关于本我的心理学，是关于原始冲动及其变化的研究。弗洛伊德理论中的一对基本辩证关系是冲动与冲动控制间的关系。但要理解创造力的来源（以及游戏、爱、热情、幽默、想象、幻想），比理解冲动压制还要关键的是初级过程——一种认知过程而非思考过程。一旦我们把注意力转向人类深层心理学的这一面，我们发现自我心理分析学派，例如克里斯（84），米尔纳（Milner，113），埃伦茨维希（Ehrenzweig，39），荣格心理学（74），与美国自我成长心理学派之间就有了更多的共同语言。

具有常识、适应良好的普通人，为了适应社会而做的常规适应性调整意味着他在思考和认知两个层面上成功地、持续不断地放弃自己的深层本性。为了很好地适应社会现实，一个人必须不断自我分裂。这意味着，他需要背弃深层自我，因为深层自我是危险的。然而，我们现在发现，这么做他也会失去很多，因为这些深层自我是他快乐的源泉，也是他各种能力的源泉，如游戏、爱、笑，以及更重要的创造。为了防止自己掉进内心的地狱，他也断绝了自己通往内心天堂的道路。发展到极端情形，这个人就会变成一个偏执、乏味、紧张、机械、僵硬、拘谨、谨慎的人，他不会笑，不会玩，不会爱，不会犯傻，也不信任他人，没有一丝天真。他的想象力、本能、柔软度、情感会被压抑或扭曲。

心理分析作为一种治疗方案，其终极目标是整合，即通过内省，帮助患者弥合这种基本的分裂，让原来被压抑的深层自我出现在意识或前意识中。这里，由于研究创造力的深层来源取得了一些进展，我们可以对这一方案做一些修订。我们与初级过程的关系与我们和不可接受的愿望之间的关系并非完全相同。我所观察到的一个最重要的区别是：初级过程不像不可接受的愿望那样危险。在很大程度上，初级过程不会在无意识中被压抑或审查，而是——当我们为了现实目标而刻意适应严峻现实的时候，而不是在我们尽情欢乐、写诗、游戏的时候——"被遗忘"，或被搁置，或被有意识地抑制（而不是无意识地压抑）。换言之，在一个富裕的社会，对初级过程的抵抗现象会少很多。我认为，教育虽然无助于消除人们对"本能"的压抑，但可以帮助他们接受并将初级过程与意识和前意识生活整合起来。艺术、诗歌、舞蹈教育在这一方面大有可为。心理动力学教育也有一定助益，比如多伊奇和墨菲的"临床访谈"使用的就是初级过程语言（38），这种语言可以视为一种诗歌。米尔纳的大作《论无法绘画》完美地阐释了我的观点（113）。

就像即兴创作的爵士乐，或幼稚的而不是被称为"杰出"的绘画作品，最好地体现了我竭力描述的这种创造力。

首先，杰出的画作必是天才画家的作品，而我们这里关注的不是天才。其次，杰出的作品不仅需要灵感、启发和高峰体验，还需要刻苦努力、长期训练、大胆批评和至臻完美的标准。换言之，要创作出杰出的作品，不仅需要自发还需要刻意的表达，不仅需要完全接纳也需要严谨的批评；不仅需要直觉还需要严谨的思考；不仅需要胆略还需要审慎；不仅需要想象和幻想还需要现实的检验。需要思考的问题包括："这是真的吗？""其他人能理解这一点吗？""这个结构合理吗？""这能经得住逻辑检验吗？""现实社会中的情形是什么样的？""我能证明这个吗？"接下来就需要比较、判断、评估、冷静、思索、选择、舍弃。

我也许可以这么说，此时此刻次级过程从初级过程那里接过了指挥棒，或者说阿波罗接替了狄奥尼索斯，或者说"男性化"取代了"女性化"。自动的向内回归现在已经停止，对灵感或高峰体验的必要的被动接受开始让位于活动、控制和勤奋工作。无须努力，一个人就能获得高峰体验，但要获得伟大的作品，却需要主动努力。

严格来讲，我只研究过第一阶段，在这个阶段一个完整的人可以毫不费力地表达。但只有当一个人能抵达深层自我且对初级过程没有恐惧的时候，他才能到达这个阶段。

凡是对初级过程依赖程度高于次级过程的创造力，我称之为"初级创造力"；对次级过程依赖程度更多的创造力则被称为"次级创造力"。后者涵盖了世界上大部分生产活动所需要的创造力，比如修建桥梁、房屋，制造新型汽车，甚至还包括很多科学实验和文学作品。本质上，这一类生产活动都是对他人思想的巩固和发展。两种创造力之间的差异，类似于突击队和宪兵队之间的差别，拓荒者和定居者之间的差别。两者融合或交替使用的情形，我称之为"整合创造力"。伟大的艺术、哲学和科学作品正是以"整合创造力"为基础的。

结　语

总结起来，我认为，这些研究的最终结论就是创造力理论越来越强调整合（或者说自我一致性、统一性和完整性）的作用，将一个二元对立的现象整合成更高级别的、更大范围的统一体，以治愈一个人内心的分裂，使其内心更统一。我所提到的内心分裂就像一场内战，将一个人的内心分成两半。就自我实现创造力而言，其来源主要是初级和次级过程的融合而不是对内心冲动和愿望的禁锢和无意识压抑。当然，对这些不可接受冲动的恐惧，使得防御机制在慌乱中不加区分地将一切初级过程和深层自我加以压制，也是可能的。但这种不加区分的压制，在原则上是不必要的。

一言以蔽之，自我实现创造力强调的是人格而非成就——成就是人格的副产品。同时，强调诸如大胆、勇气、自由、自发性、透明度、整合度、自我接纳这样的个性特质。正是这些特质成就了一种通用的自我实现创造力。这种创造力通过创造性的生活、创造性的态度或富于创造力的人得以体现。我也一直强调自我实现创造力主要是透过自我实现者的表达力和存在特质体现的，而不是透过其解决的问题或制造的产品来体现的。自我实现创造力像电磁辐射一样向外"辐射"，击中生活的方方面面，不区分问题的种类，就像一个快乐的人会"散发"出快乐的光芒，没有目的，没有刻意，甚至没有意识。这种创造力就像阳光一样照射在每个角落，可能会促使某些东西生长（那些可以生长的东西），也可能照在石头或不能生长的东西上而白白浪费。

最后，我知道自己一直在试图打破广为人接受的关于创造力的诸多概念，却无法提供一个界定清晰、精确、易于理解的替代概念。自我实现创造力非常不易界定，因为有时候它与健康似乎是同义词，就像莫斯塔卡斯（118）曾经指出的那样。由于自我实现或健康的终极定义是实现充分人性化，或者说实现一个人的存在，这似乎意味着自我实现创造力是人性本质的同义词、必备条件或标志性特征。

第五部分：价值

第十一章　心理学数据和人的价值观

几千年来，人本主义者一直在尝试构建一个完全以人性为对象，无须参考人性以外的其他权威的自然心理价值体系。历史上曾出现过许多这样的理论，但因为不具备普遍实用性，这些理论都失败了。如今，世界上的流氓与以往一样多，神经症患者的数量也没有减少。

这些理论之所以失败，是因为它们几乎都是以某种心理假设为基础的。根据我们新掌握的知识，可以发现，这些假设都在某种程度上存在谬误、不足、不完整、不实等问题。但我认为，在过去的几十年里，随着心理自然科学和人文科学的发展，这一古老的希望有望实现，如果我们工作足够努力的话。现在知道应该如何批评过去的理论；也模模糊糊地知道未来这一理论的大致轮廓，更重要的是，我们知道在什么地方和怎么做能够弥补我们相关知识的不足，让我们最终能够回答这些古老的问题，"好的生活是什么样子？什么样的人是好人？如何教育才能使人希望并选择好的生活？应当对儿童进行怎样的培养，才能使他们健康成长？等等。"也就是说，我们认为构建科学伦理观也许是可行的，而且知道如何去构建科学伦理观。

接下来，我会简要讨论几个有希望获得成功的理论和研究，及其与过去和未来的价值理论的相关性，同时还会讨论在不久的将来，我们必须尽快实现的一些理论和实际研究的进展。保守来讲，这些理论和研究或多或少有成功的可能，但不能说一定会成功。

自由选择实验：体内平衡

成千上万的实验证明，如果有足够的选择余地，且能够自由选择，任何种类的动物都具备天生的能力来选择对自己有益的食物。即便在情况不太正常的情况下，动物的身体也能保持这种能力。举例来说，肾上腺被切除的动物，能够重新调整食物选择来维持自己的生命。怀孕的动物也能调整自己的食物选择来适应胚胎的成长需要。

但现在我们认识到，这种身体智慧并不完美。比如，胃口无法反映身体对维生素的需求。和高等动物及人相比，低等动物避开有毒食物的能力更强。此外，一个人早年形成的食物偏好可能被当前的代谢需要忽略（185）。最重要的是，对人类而言，尤其是对那些神经症患者而言，任何外力都可能毁掉身体的这种选择能力，尽管人体的这种能力绝不会完全消失。

著名的体内平衡实验已经证明，不仅是在食物选择方面，在其他身体需求方面，此普遍原则也是成立的（27）。

似乎很明显，生物体的自我管理和调节、自主性的能力比25年前我们所认为的更强。生物体本身的自我调节能力应该得到足够的信任。在学习如何依靠婴儿的身体智慧来选择食物、断奶时间、睡眠时长、如厕训练时间、活动需求等方面，我们正在稳步前进。

但我们对有身体和心理疾病的患者的研究显示：有些人会做出正确的选择，另外一些人则会做出糟糕的选择。我们——特别是从心理分析师那里——知道了这两种选择背后的原因，并学会了尊重这些原因。

在这方面，我们有一个惊人的实验（38b），对价值理论有很大的启发意义。可以自由选择食物的小鸡崽在选择适合自己的食物时，能力差异很大。那些能力强的小鸡崽，会长得更壮、更大，比选择能力差的鸡仔更强势，这意味着它们占尽了优势。然而，如果将那些强者的食物选项强加给弱者，人们发现弱者也会变得更壮、更大、更健康、更强势，尽管永远无法超越强者。换言之，强者的食物选择比弱者自己的食物选择更适合弱者。如果在人类实验中我们也有相同发现（有很多临床数据支持这一结论），那各种理论都有很多内容需要改写。就人类价值理论而言，任何只针对不特定人群的食物选择进行的统计描述理论都是站不住脚的。将食物选择能力强的人和食物选择能力弱的人所选的食物进行平均，或将健康者与不健康者的食物选项进行平均都是毫无用处的。只有健康人的选择和品味能够让我们学会什么样的食物选择，从长期来看，是好的选择。而神经症患者的食物选择让我们知道什么样的食物搭配会利于稳定该疾病；脑损伤患者的选择能让我们知道什么样的食物搭配能够防止大脑损害程度的恶化；被割掉肾上腺的动物的食物选择可以让它免于死亡，但可能会让一个健康的动物死亡。

我认为，大部分享乐主义价值理论和伦理理论正是在这一点上触了礁。病理激发的快感与健康激发的快感不能进行平均处理。

此外，任何伦理规则都必须考虑到生物结构差异，不仅仅是鸡和鼠之间的差异，人与人之间的差异也需要考虑，就像谢尔顿

（153）和莫里斯（110）所指出的那样。有些价值是对所有（健康）人都适用的，而有些则不适合所有人，只适用于少数人，或某些特定的人。我所谓的基本需求可能适用于全人类，因此可称为共同价值。但特殊的需求会产生特殊的价值。

个体差异使得不同的人在对待自我、文化和世界的方式上有不同的偏好，即会产生价值观。这一研究发现和临床医生在个体差异方面的普遍经验相互印证。这一点也与人种学的研究数据模型相符。为了理解文化多样性，人种学研究模型假定每个文化都会根据人的体质情况选择一小部分人实施剥削、打压、支持或否定。这也与生物学理论和数据以及自我实现理论相符。这些理论表明，人体的器官会努力表达自己，换言之，就是要发挥能力。比如，肌肉发达的人喜欢使用肌肉。事实上，要想自我实现，他必须使用肌肉，这样才能在主观上感受到和谐、无拘束地发挥此功能所带来的满足感，而这是心理健康很重要的一个方面。聪明的人应当施展自己的聪明才智，有眼睛的人应当使用自己的眼睛，有能力去爱的人要去爱，这样才会感觉健康。人的各项能力都要求得到发挥，只有得到充分发挥后，这种要求才会停止。也就是说，发挥能力是人的一种需求，因而也是一种内在价值。从这个意义上讲，每个人的能力不同，他们的价值观也就会相异。

基本需求及其层级结构

到此为止，已经有充分的证据显示，从本质构造来讲，人不仅有生理需求也有真正的心理需求。这些需求可以视为需要周遭环境予以满足的匮乏需求，以避免生理和心理发生疾病。这些需求可以称为基本或生物需求，与我们对盐、钙或维生素 D 的需求一样，原因如下：

1. 需求未得到满足者会一直渴望得到满足；

2. 若需求不能满足，当事人就会生病或衰弱；

3. 满足这些需求会有治疗效果，治愈因匮乏引起的疾病；

4. 持续满足这些需求能够防止匮乏引起的疾病；

5. 健康人（需求得到满足者）不会产生匮乏症状。

这些需要或价值是按照强度和优先顺序，以分层和发展的方式联系在一起。举例来说，安全需求优先于爱的需求，或者说更强烈，更迫切，更重要；而对食物的需求比对安全和爱的需求都更强烈。所有的基本需求都可以被看作自我实现的简单步骤，都属于自我实现的范畴。

将这些数据纳入考虑范围，我们能解决数百年来哲学家们一直无法解决的价值问题。有一点特别重要，似乎人类的终极价值只有一个——所有人都努力实现的长远目标。不同研究者对此有不同的称呼，比如自我实现、整合、心理健康、个性化、自主性、创造力、效率，但他们一致同意，其含义指的是个人潜能的实现。换言之，就是充分人性化，成为个人能成为的一切。

当然，这个人自己并不知道这一点。我们——心理学家们——为了整合并解释各种各样的数据，在经过观察和研究之后，建立了这样的概念。就普通人而言，他所知道的是自己极其渴望爱情，认为自己一旦得到爱情就会永远快乐幸福地生活下去。他预先并不知道，一旦他的一个基本需求得到满足之后，他会意识到自己还有另一个"更高"的需求，他还需要接着努力。就他而言，绝对的、终极的价值与生活本身是同义词，就是他在某个特定时期内在需求层次中占主导地位的那项需求。这些基本需求或价值可以被视为目的，也可以被视为通向唯一终极目的的一个步骤。没错，我们有一个唯一的、终极的价值或生命目的；同样正确的是，我们有着非常复杂、相互关联的价值体系，且这个体系是一个层级结构并处于不断发展之中。

需求层次理论也有助于解决存在（Being）和形成（Becoming）之间的对立。为了实现终极人性，人会奋斗不止，而人性可能只是另一个形成（Becoming）和成长过程。我们仿佛注定无法抵达一直努力想要达到的某种状态。庆幸的是，现在我们知道事实并非如此，或者至少这不是唯一的真相。这里面还包含另一个真相，一次次良好的形成（Becoming）过程都会回报我们以短暂的绝对存在体验，或者说高峰体验。基本需要的满足给我们带来许多高峰体验，每一次高峰体验本身就是一种绝对的愉悦和完美，不再需要自身以外的东西来证明自己的人生意义。这几乎是对"天堂会在人生终点"这一观念的否定，因为我们一生中随时都可能进入天堂，在那里尽情享受之后，再重回需要不停奋斗的日常生活。有了第一次天堂经历之后，我们会永生难忘，在遇到困难和挫折时我们会重温这段记忆，获得继续前行的力量。

不仅如此，从绝对意义上讲，阶段性的成长本身就会让人感到满足和快乐。即便不是高山之巅一般的高峰体验，至少也是山丘之巅的高峰体验，是绝对、自我认可的快乐，是存在性的片刻时光。存在（Being）和形成（Becoming）不是矛盾或互补兼容的。过程和抵达本身都是一种犒赏。

在这里我应该指出一点，天堂可以分为"前天堂"（成长和超越）及"后天堂"（后退）。"高级涅槃"与"低级涅槃"是不同的，尽管很多临床心理治疗师会将这两对术语混淆（参照 170）。

自我实现：成长

我曾经发表过一篇文章，文章中的证据显示我们必须关注健康成长和自我实现这一概念（97）。这些证据部分是演绎性的，就是说，除非我们假设这一概念是成立的，否则人类的大部分行为都无法解释。这就像我们为了能够理解已观察到的数据就必须假设太空中存在一颗目前还未被观察到的行星的科学原理是一样的。

现在已经有或者说开始出现一些直接证据，但还需要更多的研究才能完全确定。目前我所知道的关于自我实现者的直接研究就是我做过的一项研究。考虑到研究过程中可能出现的样本错误、心理投射等因素，这唯一的一项研究还是十分不可靠。但此项研究的结论与罗杰斯、弗洛姆、戈尔茨坦、安吉亚尔、默里、莫斯塔卡斯、布勒、霍妮、荣格和纳丁（Nuttin）等人的临床研究和哲学结论有着很强的相似性。据此我认为，未来更详细的研究也不会彻底推翻我的结论。现在，可以肯定，至少有一个合理的、理论性的、实证性的证据证明人类内心有朝着可以整体上概括为自我实现的成长目标努力的趋势或者需要。自我实现，亦可称为心理健康，具体而言，是朝着自我实现的各个次级层面完善的需求。这就是说，一个人的内心有着追求人格统一、自发表达、完全个性化和自我认同、看清真相、富有创造力、为善等方面的动力。这就是说，人类的内在构造就决定了他会朝着更完满的自我努力，即朝着大多数人所谓的美好价值前进，向着宁静、仁慈、勇气、诚实、友爱、无私和善良前进。

尽管人数不多，但通过研究这些高度发展、非常成熟、心理最健康的自我实现者，以及通过研究普通人的高峰体验——他们获得自我实现的短暂瞬间——我们仍然能够了解到很多关于价值的知识。因为从实证和理论上看，他们的人性化程度都是最高的。比如，他们保留和发展了其人类才能，尤其是那些将人与其他动物——比如猴子，区别开来的能力。［这与哈特曼（59）的看法一致。哈特曼认为，所谓好人就是具备最多"人类"特征的人。］从发展的视角看，他们之所以发展更充分，是因为他们没有停止在不成熟或不充分的发展水平上。就像分类学家在捕捉蝴蝶标本或内科医生在挑选最健康的年轻人进行研究一样，我选择他们作为研究对象，没有什么神秘、先验或不妥之处。分类学家和内科医生都希望找到最"完美、成熟或优秀的样本"作为研究的模板，我也是如此。在原则上，一个步骤同其他步骤一样都是可以重复的。

充分人性化不仅可以从满足"人类"概念的程度来进行定义，即根据人类这个物种的标准来定义，也可以从描述、目录、可量化的心理品质进行定义。几项初步研究和无数临床经验让我们总结出了充分发展的人和健康成长的人所具备的一些特征。这些特征不仅是可以客观描述的，同时在主观上，它们也是于人有益、令人愉悦且促人成长的。健康人样本所具备的可描述和测量的客观特征如下：

1. 对现实更清晰和有效的感知；

2. 对各种体验持更开放的态度；

3. 个人变得更整合、完整和统一；

4. 自发性、表达力增强；功能充分发挥，活力满满；

5. 真实的自我；坚定的自我；独立自主，个性十足；

6. 客观、超然、自我超越能力增强；

7. 创造力得到恢复；

8. 能够将具象与抽象融合；

9.民主的性格结构；

10.爱的能力，等等。

虽然这些特征还有待通过研究进一步加以证实，但显然，这些研究是切实可行的。

此外，健康人样本还体验到自我实现或朝着自我实现成长过程中的主观肯定和强化效应。这些效应包括，对生活充满了热情、幸福或欣快感、宁静感、幸福感、平和感、责任感，对自己处理压力、焦虑等问题的信任感。自我背叛，固着，退行，生活在恐惧而非成长中的主观表征包括下列情感：焦虑、绝望、厌烦、无欣赏能力、内在的罪恶感、内在的羞愧感、盲目性、空虚感、缺乏自我认同等。

这些主观效应也可以进行研究，我们已经具备研究这些问题的临床技术。

我认为，要对自然价值体系进行描述性研究，需要从自我实现者（在真的可以从各种可能性中进行自由选择的情况下）的自由选择着手，因为这些选择是研究人员完全无法插手的，是"科学的"。作为研究人员，我不会说："他应该选这个或那个。"而只是说："健康人，如果可以自由选择，会被观察到选这个或那个。"作为研究人员，他会问："最出色的人都有什么样的价值观？"而不是问："他的价值观应该是什么？"或者，"他们应该是什么样子的？"（请与亚里士多德的观点"对于一个优秀的人来说，有价值和让他感到愉悦的东西才是真有价值和令人愉悦的"进行对比。）

此外，我认为这些结论可以适用于整个人类，因为在我（和其他人）看来，大部分人（也许是所有人）都有自我实现的倾向（这一点在心理治疗，特别是在揭露治疗疗法中，可以非常清晰地看到这个倾向），似乎，至少是在原则上，大多数人都能够达到自我实现。

如果现存的各种宗教都可以视为人类梦想的各种表达，也就是说，如果可能，人们愿意变成什么样子，那么我们可以说人人都渴望自我实现或朝着自我实现努力的说法是恰当的。因为我们所描述的自我实现者的真实特征与各种宗教所教导的理想是一致的，比如自我超越，真、善、美的融合，对他人的帮助，智慧、诚实、自然，超越自私和个人动机，放弃"低级"欲望，追求"高级"需求，轻松地区别目的（宁静、平和）与手段（金钱、权力和地位），放下敌意，消除残忍和破坏，增进友善，等等。

1. 从自由选择实验、动机理论的发展以及心理治疗研究所得出的一个革命性的，没有哪个大型文化研究曾经得出过的这样的结论，即我们最深层的需求本身既不危险，也不邪恶，也非坏事。这为整合一个人心中的光明和黑暗、古典与浪漫、科学与诗学、理性与冲动、工作与娱乐、语言与前语言、成熟与幼稚、阳刚与阴柔、成长与后退之间的分裂打开了大门。

2. 唯一可与我们这一人性哲学观的迅速发展媲美的社会科学观点将文化视为满足、阻碍、控制人们需求的工具。我们现在可以摈弃那个错误观点——个人利益与社会利益必然是相互排斥和互相对立的，或者说文明主要是用来控制和监管人类的本能冲动的（93）。可以说，这一观点非常狭隘。这些古旧的观点都可能被扫进故纸堆，因为一个新的可能性是将促进和培养全民自我实现视为一个健康文化的主要功能。

3. 只有在健康人的内心，"基本需求"体验（从长期来看对他有好处）和主观快乐体验、冲动体验或者说愿望才会存在积极的相关性。只有这样的人才会渴望得到既对自己有利也对他人有利的事物，且能够全情地享受、赞同它。对这些人而言，美德本身就是值得欣赏的，因此美德本身就是一种奖励。他们会自发地做正确的事情，因为那是他们想做的事，他们需要完成的事，他们乐于做的事，他们支持做的事，他们会一直乐在其中的事。

当一个人的这种统一性以及内心的积极关联网络四分五裂、发生冲突时，他就会患上心理疾病。那时，他所做的事情可能对他不利；即使他做了那件事情，他可能也不享受做的过程；即便他很享受，他可能也不赞同这种事情，因此他的享受也会大打折扣或很快消失。他原来享受的事情后来就不再享受了；他的冲动、愿望、享受就成了一个糟糕的生活向导。因此，他可能不会相信甚至会害怕自己的冲动和享受，因为这会导致他误入歧途，这样一来，他的内心就产生了冲突、解离、优柔寡断。总之，他的内心处于内战之中。

目前，就哲学理论而言，此结论解决了很多历史上的两难问题和矛盾。享乐主义理论对健康人而言是有效的；但对不健康的人而言则无效。真、善、美的确会存在一定的相关性，但只有在健康人心里这三者的相关性才达到最高点。

4. 只在少数人的内心，自我实现才会达到相对的"势"。对大多数人而言，自我实现只是一种希望，一种渴望，一种冲动，一种希望得到但还未得到的"东西"，在临床上表现为对健康、整合、成长等的追求。投射测试也能捕捉到这些倾向，但只是一种潜能还不明显的行为，就像 X 射线检查能发现还未显现的潜在病灶一般。

这意味着，对心理学家而言，一个人的现在和未来可以同时并存，这样一来存在（Being）和形成（Becoming）之间的二元对立就被化解了。潜能不只代表着未来和可能性，也是一种现实。作为目标，自我实现价值是真实的，即便还未成为现实。人既是他现实的样子，同时也是他渴望成为的样子。

成长与环境

从自然、科学的意义上说，一粒橡子是"被迫"成为一棵橡树，一只老虎"被迫"具有虎性，一匹马"被迫"具有马性。同样，人的本性中就包含了迫使他朝着更完满的人性发展的一股力量。从终极意义上讲，人不是被浇筑成或塑造成人的，也不是被教育成人的。环境的终极作用是允许或帮助他实现他自己的潜能，而非实现环境的潜能。环境不会赋予他潜能或才能。就像他在胚胎时就有了胳膊和腿一样，他还是一个胚胎时就具备了待完善的潜能。就像他的胳膊、腿脚、大脑和眼睛是他所属的整个物种都具备的胚胎发育潜力一样，创造力、自发性、自我、真实性、关心他人、爱的能力、对真理的追求都是他的物种特性。

这与已经收集到的大量证据不相矛盾，这些大量的证据显示，在一个家庭或文化中生活，实现这些标志性的人性心理潜能是绝对必要的。我们一定要明白一点：一位老师或一种文化不会创造出一个人。教育或文化不能将爱的能力、好奇、哲思、象征、创造的能力移植到他的内心。相反，教育或文化只能允许、培养、鼓励或帮助在胚胎中就存在的能力变成现实。同一个母亲或同一种文化，即便完全像对待自己孩子那样对一只猫或一只狗，也不可能让这只猫或狗变成一个人。文化是阳光、食物和水，但不是种子。

"本能"论

从事自我实现、自我、真实人性等相关研究的心理学家们已经证明人有自我实现的倾向。这就意味着，他被劝诫要忠于自己的本性，要相信自己，要真实、自然、真诚地表达，要在自己内心深处寻找行动的源泉。

当然这是一个非常理想的心理咨询建议，因为大多数成年人并不懂得怎么做到保持内心的真实，如果允许自己内心的需求"表达"自己，不仅可能给自己带来灾难，还会给他人带来灾难。如果强奸犯和施虐狂问："为什么我不能信任并表达真实的自己呢？"我们要怎么回答才好？

这些心理学家集体犯了一些疏忽大意的错误。虽然没有明说，但他们暗示，如果你能根据你内心的需求真实地采取行动，你的行动就是好的。只要是听从内心的呼唤而发出的动作就都是正确的、好的行动。这就是说，任何内心的、真实的自我都是好的，是值得信赖、符合伦理道德的。这一论点显然与人本身需要自我实现的论点是不同的，且需要分别论证（我相信以后会分开论证的）。关于人的真实内心，这些心理学家还集体回避了一个核心阐述，那就是一个人的真实内心需求在一定程度上是由遗传决定的，否则他们的其他相关陈述都是杂乱无章的。

换言之，我们必须采纳"本能"理论，而我更倾向于使用基本需求理论。这就是说，我们必须研究原始的、内生的、部分来自遗传的需求、冲动、愿望，以及——我也许可以说——人类价值观。我们不能同时玩社会学和生物学的把戏，即我们不能一方面声称文化决定一切，另一方面又声称人的本性是由遗传决定的，因为这两者互不兼容。

关于本能的所有问题中，我们所知最少但最应该了解的是攻击性、敌意、仇恨、破坏性的问题。弗洛伊德派认为这些是人的本能；而大多数动力心理学家则认为，这些并非本能，只是一个人的基本需求受阻之后一直存在的反应。事实真相是，我们还没有确切的答案。临床治疗经验还不能解决这些问题，因为同样优秀的临床治疗师却得出了上述不同的结论。我们还需要坚实、确切的研究。

控制与限制问题

对于那些相信道德发乎于心的心理学家而言，他们还有一个问题，那就是解释为什么自我约束对于自我实现者、表里如一的人、真实的人很容易，而对于一般人却比较困难？

在这些健康人身上，我们发现职责与娱乐是同一件事情，工作和玩耍、利己和利他、个人主义和无私也是如此。我们知道他们是这样的，但不知道他们是如何做到的。我直觉地认为，所有人都可能像他们一样，成为真实、发展充分的自我实现者。但事实令人沮丧，我们发现只有百分之一或百分之二的人能实现这个目标。我们还是可以对人类抱有期望，因为，原则上任何人都可能成为健康而美丽的人。但我们也感到悲哀，因为真正达到自我实现的人实在太少了。如果我们希望找到为什么有的人可以而有的人不能做到这一点的原因，那么需要研究的问题显而易见，即研究自我实现者的生平以找出他们为什么能做到。

我们已经知道，健康成长的主要前提是基本需求的满足。（神经症通常是一种匮乏疾病，就像维生素缺乏症一样。）但我们也知道，毫无节制的放纵和满足也会产生危险的后果，比如变态人格、"口腔性格"、不负责任、不能承受压力、溺爱、不成熟以及某些性格缺陷。尽管现在的研究还不多，但已经有不少临床和教育经验可供我们做出合理的推测：儿童不仅仅需要满足，也需要客观世界对他的需求加以限制，即便是他们的母亲或父亲也当对其施加限制。这就是说，父母不只是孩子实现其目的的手段。这意味着需要控制、延迟、限制、放弃、承受挫折和自律。只有对自我约束和负责的人，我们才能说："你随便，应该没有问题。"

退行：精神病理学

我们也必须正视阻碍成长的问题，即成长停滞、逃避、原地踏步、退行和过度防御问题，即那些引发精神病理学的问题，或者某些人所谓的邪恶问题。

为什么很多人没有真实的自我身份认同，无力自己做决定和选择？

1. 尽管自我实现的倾向是人的一种本能，但比较微弱，不像其他动物本能那么强烈。人的自我实现冲动很容易被习惯、错误的文化观念、心理创伤、不当教育淹没，因此，与其他物种相比，人类的选择和责任问题要严峻得多。

2. 由于历史的原因，西方文化倾向于认为人的本能需要，即所谓的人的动物本能，是不好的或邪恶的。因此，建立了众多文化机制来控制、限制、压制、压抑人的本性。

3. 一个人同时受制于两种力量的牵制。一种是推动他朝着健康方向发展的力量，另一种是令人恐惧的退行力量，即朝着疾病和软弱方向发展的力量。我们既可能朝前发展，达到"高级涅槃"，也可能朝后退行，跌入"低级涅槃"。

我认为，过去的价值和伦理理论的一个主要缺陷是对精神病理学和心理治疗学了解不够。在整个人类历史长河中，先哲们一直在向人类宣扬美德和神性的美好，强调心理健康和自我实现是人的内在需求，然而大部分人还是固执地拒绝走上这些先哲们为他们指出的幸福和自我尊重之路。因此，这些人类的导师变得十分焦躁、失望、不耐烦。他们除了在责骂、规劝和绝望中来回折腾外别无他法。最后，很多先哲完全投降，开始谈论起原罪或性本恶的问题，并且推出人类只能被超人类理论拯救的结论。

然而，我们掌握了大量具有启发性的动力心理学和精神病理学中关于人性弱点和恐惧问题的资料。对于人为什么会做错事，为什么会引发自身的不幸和自我毁灭，为什么会变态和发病，我们了解甚多。基于这些知识，我们认识到人性之恶，大部分（尽管不是全部）源于人性的弱点或无知，是可以原谅和理解的，而且也是可以治愈的。

让我有时觉得有趣，有时觉得悲哀的是，很多学者和科学家，很多哲学家和神学家，他们在谈论人类价值，谈论善恶时，完全忽视了一个简单的事实：每天，职业心理治疗师——理所当然地——在帮助改变和改善人性，帮助人们变得更坚强，更道德，更有创造力，更善良，更有爱，更利他，更平和。上述品质只是自我了解和自我接纳的部分好处。除此之外还有其他或大或小的好处（97，144）。

这个话题过于复杂，无法在这里展开，我能做的就是列出以下几点关于价值理论的结论：

1. 自我了解是自我提升的主要途径，尽管不是唯一途径；

2. 自我了解和自我提升对大多数人而言是困难的，通常需要巨大的勇气和长期的斗争；

3. 尽管有经验的职业心理治疗师可以使这个过程更轻松一些，但绝不是唯一的途径；从心理治疗中获得的相关知识可以用来指导教育、家庭生活和自我生活；

4. 只有通过对精神病理学和心理治疗学的研究才能学会尊重和欣赏恐惧、退行、防御、安全感的力量；理解并尊重这些力量才能帮助自己和他人更有可能实现健康，虚假的乐观迟早会变成失望、愤怒和无助；

5. 总之，如果不理解人性的健康取向，我们绝不能真正理解人性的弱点。不能理解人性的弱点，我们就会犯将一切问题病态化的错误。此外，如果不能理解人性的弱点，我们也绝无可能真正理解或帮助人类增强其人性优点。若不能认识到人性的优点，我们就会陷入过分乐观、单纯依赖理性的误区。

如果我们希望帮助人们变得更人性化，我们必须认识到，虽然他们会尽力去做，但他们也会犹豫、害怕或无力做到。只有对疾病和健康这二者的辩证统一关系完全理解和尊重，我们才能使天平朝着健康的方向倾斜。

第十二章　价值、成长和健康

据此，我的观点是：原则上，我们可以建立起自然的、描述性的人类价值观科学；自古以来"是什么"和"应该是什么"之间的对立部分是不成立的；我们可以像研究蚂蚁、马儿、橡树，甚至火星人的价值一样，研究人类最高价值或目标。我们可以发现（而不是创造或发明）人类在成长过程中会倾向于渴望实现哪些价值，会为哪些价值而奋斗，以及当他们心理不健康时会失去哪些价值。

但我们已经发现，只有把健康人样本与其他人分别进行研究（至少是在此历史阶段，以我们所掌握的有限技巧而言），我们才会有所收获。将神经症患者的需求与健康人的需求进行平均处理是不可能让我们得出任何有用结论的。（这原本需要用千言万语才能说明白的道理，我可以用一句"箴言"来说明。一位生物学家最近宣布："我发现了类人猿和文明人之间缺失的一环：我们！"）

在我看来，这些价值既是被发现的，也是被创造或建构出来的。它们既源自人性本身的结构，也是以生物和遗传为基础的，同时也是由文化推动和发展的。这些价值既不是我的发明，也不是我自身需求的投射，更不是我自己的愿望（"本店对拾到的物品不承担任何责任"），我只是在对其进行客观描述。

我还可以表述得更加客观一些：此刻我正在研究各种处境中的各种人（健康或不健康，年老或年少的）的自由选择或偏好。就像研究人员可以研究小白鼠或猴子或神经症患者的自由选择一样，我们也可以这样做。这样的表述能够避开很多无关的、纷繁杂乱的争论，也有利于强调此类研究的科学性，将其从先验研究领域完全脱离出来。（无论如何，我相信"价值"这一概念很快就会过时，因为这个词包含的意义太多，使用的历史太长。而且这一词的各种不同用法都不是人们刻意为之，导致意义表达混乱，我经常想彻底放弃使用这个词语。用一个更精确的词语来代替该词应该会减少很多误解。）

此更自然、更具描述性（更"科学"）的研究视角还有一个优势，即能将多重问题，比如将暗含的未经验证的"必要""需要"等价值问题改为更实证的问题，比如"什么时候？""哪里？""针对谁？""多少？""在什么情况下？"等，即改为可经过实证检验的问题。[1]

---

① 这也是摆脱从理论和语义上对价值进行循环论证的一种方法。例如，有一幅卡通画很精彩地揭示了循环论证问题："善比恶好，因为善更美好。"

尼采的名言"成为你自己"，或克尔凯郭尔所谓的"做最本色的自己"，或罗杰斯所谓的"当完全可以自由选择时，人们努力得到的东西"，就可以得到验证了。

我的下一个主要假设，是所谓更高的价值、永恒的价值等，大致就等于那些相对健康的人（成熟、发展、自我成就、个性化等）在他们感觉最好、最强的时候，且在一个良好的环境中所做的自由选择。

或者，用更具描述性的语言来说，就是当这些人在感觉最好的时候，在确实可以自由选择的时候，会自发地做出符合他们内心真实想法的选择，而不是虚假选择。他们会选择善而不是恶、美而不是丑、整合而非解离、快乐而非悲伤、活力四射而非暮气沉沉、独特个性而非刻板形象等我所描述的 B 型价值。

一个附带的假设是人人都有选择 B 型价值的倾向，只是在大部分人身上都体现得比较微弱。换言之，这是整个物种共有的价值，只是在健康人身上体现得更清晰，更强烈，更正确无误。因为在这些健康人身上，这些高级价值与防御（焦虑引发）价值，或我下文所谓的健康退行或"滑行"①价值的融合度是最低的。

另一个非常可能的假设是，总体而言，健康的选择不仅从生物意义上而言对人们是"有益的"，在其他方面可能对他们也是有益的（所谓"有益"指的是"使他们朝着自己或他人的自我实现"发展）。此外，我猜测，从长期来看，凡是对健康人有益的选择（他们自己所做的选择）很可能对那些不太健康的人也是有益的，也会是心理疾病患者学会做更好的选择之后可能做出的选择。换言之，健康人比不健康的人更善于选择。或者，为了得出一些新的结论，我们可以将此结论反过来说，即我们研究最佳样本所做选择的效果，然后假设这些选择就是人类的最高价值。这就是说，让我们假设，他们是比我们更敏锐、更快意识到什么有利于我们

---

① 此词是理查德·法森博士（Dr. Richard Farson）提出的。

的人类最佳样本，然后看看会发生什么。这就是假定，假以时日，我们最终的选择会和他们快速做出的选择相同，或我们迟早会意识到他们的选择是明智的，然后我们会做出同样的选择，或者我们看不清楚的事物，他们却能看得非常清楚、精确。

我还有一个假设：高峰体验中感知到的价值与上面提到的健康人的选择价值大致相同。据此，我希望表明，选择价值只是一种价值。

最后，我还提出一个假设，即我们最佳样本所偏好的或期望实现的 B 型价值，在一定程度上与我们所描述的"优秀"艺术作品、大自然或美好的外部世界所包含的价值是相同的。换言之，我认为一个人内心的 B 型价值在一定程度上与其观察到的世界价值是同构的，且内在价值与外在价值之间存在相辅相成的动态关系（108，114）。

在这里，我只强调一点，上述这些假设都肯定人性本身就包含着最高价值，只等着被发现。这与以往的常规观点截然不同。以往的观点认为，人的最高价值只能来自超自然的神，或者人性之外的某个来源。

人性的界定

我们必须坦诚地接受一个事实，即要证明上述这些观点，还有实实在在的理论和逻辑困难需要解决。此定义中的每一个要素本身都还需要进一步定义。我们发现，在定义的过程中，我们一直在循环论证的边缘徘徊。目前我们还只能接受某些循环论证。

必须以某些人性标准为前提，我们才可能对"好人"做出界定。此外，这一标准必然是一个程度问题，即有些人比其他人更人性化，而"好"人，"好人样本"的人性化程度很高。这是因为，人性的标志性特征很多，每个特征都是必要但不充分的标准，而且很多标志性特征本身就存在程度差异，而且具有这些特征在人和动物身上的差异也绝非泾渭分明。

我们发现，在这里罗伯特·哈特曼（59）的判断公式非常有用。他说，凡是满足"人"（或老虎、苹果树）这一概念的就是好人（或老虎、苹果树）。

从一个角度来讲，这的确是一个很简洁的解决方案，是我们无意识中一直在使用的一个判断方法。一个刚生完孩子的母亲问医生："我的孩子正常吗？"医生完全明白她的意思。动物管理员想买到"好标本"，即非常有老虎范的老虎，具备且充分发展了老虎的所有特质的老虎。如果我要给我的实验室买一只卷尾猴，我也想买一只标准的卷尾猴，非常猴性的猴子，而不是特别或不正常的卷尾猴。如果我找到一只尾巴不卷的猴子，虽然对老虎而言尾巴不卷是很正常的，但这绝不是一只标准的卷尾猴。对于标准的苹果树和蝴蝶而言，也是一个道理。分类学家从新品种中选出"典型样本"，那种可以放在博物馆里，作为整个种群的范本时，他会尽力采集最好的样本，即最成熟、没有任何缺陷、符合该品种所有特征的样本。同样的原则也适用于绘画作品的选择，比如选择"杰出的雷诺阿作品"或"杰出的鲁本斯作品"。

以完全相同的原则，我们可以挑选出最佳人类范本——那些充分具备该物种特质的人，所有人类能力都得到充分发展，没有任何明显的疾病，尤其是没有那些损害物种最关键、最核心特质的疾病的人。这些人可以称作"最人性化的人"。

这些都没有太多困难。但请仔细想想参加选美大赛、或买一群羊或一只宠物狗时，我们要做出一个判断会有什么样的额外困难。首先，约定俗成的文化标准可能会强于，甚至可能抹掉动物本身的生理和心理选择标准。其次，驯化也会造成识别困难，即人为和受保护的生活方式也会影响我们的选择标准。我们必须谨记在某些方面人类是被驯养的动物，尤其是一些特殊保护对象，比如脑部受损者、儿童，等等。再次，我们还需要明白"奶农"的价值观与"奶牛"的价值观是不同的。

由于人的本性远远弱于文化的力量，要梳理和挑选出人的心理价值并非易事，然而，原则上仍然是可行的。同时，这是必要的，甚至十分关键的（97，第七章）。

因此，我们最大的研究问题是"挑选出最健康的选择者"。若只考虑实用，现在这项工作是可以完成的。就像医生可以选出最健康的有机体一样。现在最大的困难是理论上的，即健康的定义和概念化问题。

成长价值、防御价值（不健康的退行）
和健康的退行价值（"滑行"价值）

我们发现，在真的可以自由选择的情况下，更健康的人不仅仅重视真、善、美，也重视退行、生产，平和和宁静，休息与睡眠，妥协、依赖与安全，逃避现实和解脱，放下高深的莎士比亚作品拿起侦探小说，在幻想中寻求解脱，甚至希望（平静地）死去等稳态价值。我们可以粗略地将这些价值称为成长价值和健康退行价值或"滑行"价值。我们进一步指出，一个更坚强、健康的人会更多地追求成长价值，更少地追求"滑行"价值，但他仍然二者都需要。这两组价值始终保持辩证统一的关系，并在外显的行为上体现为一种动态的平衡。

我们需要牢记，这些价值再加上人的基本需求，构成了一个由高级和低级需求、强烈需求和非强烈需求、更关键和非关键需求构成的相互关联的价值层级结构。

这些需求不是以二分的形式而是以层级结构整合在一起的，这就是说，它们是互为基础的。比如，特殊才能的实现需求是一种高级需求，这种需求是建立在低级需求，比如安全需求基础上的。即便是处于不活跃的状态，低级需求也不会消失。（我所谓的不活跃状态是指吃饱饭之后的饥饿感。）

这就是说，退行到低级需求的可能性是一直存在的，且在此背景下，不能将其视为病态反应；相反，这对维持生物体完整性是完全必要的，是高级需求得以存在和发挥功能的前提条件。安全感是爱的必要条件，是自我实现的前提条件。

因此，这些健康的退行价值选择必须被视为"正常"、自然、健康、本能的选择，就像所谓的"高级价值"一样。显然，这二者也是辩证统一或动态平衡的关系（我更愿意称之为层级整合而非二元对立关系）。最后我们必须指出一个清晰的、描述性事实，即对于大多数人来说，大部分时间，低级需求是比高级需求更占优势的需求，即这些需求的退行拉力更大。只有最健康、最成熟、发展最充分的个体才会更多地选择高级需求（且只在良好的生活条件下才会如此）。这很可能是因为低级需求得到满足后处于不活跃状态，因此不会产生退行拉力。（显然，这一需求满足假设是以一个富足美好的社会为前提的。）

用比较老套的方式总结这一点，即一个人的高级本性是以其低级本性为基础的，没有了低级本性作为基础，高级本性就会坍塌。换言之，没有低级需求的满足，人就不会有高级本性。发展高级本性的最佳方法是首先满足这些低级本性。此外，人的高级本性还需要一个美好或者十分美好的当前或历史环境。

这就是说，人的高级本性、理想、抱负、能力不是以放弃本能需求为前提的，相反，是建立在本能需求的满足基础上的。（当然，我所谓的"基本"需求不同于经典弗洛伊德理论中的"本能"。）即便如此，我的用词仍然显示出重新审视弗洛伊德本能理论的必要性。这是早就应该完成的工作。一方面，我的用词与弗洛伊德关于生死本能的隐喻式二元划分有着同构关系。也许我们可以沿用他的基本隐喻，只需对具体的用词进行修订即可。现在，存在主义学者对进步与退行、高级与低级之间的辩证关系进行了重新表述。这两种表述之间的差别，在我看来并不明显，但我尽量将我的表述与实证和临床资料更好地关联起来，使这些资料能更好地验证这些说法。

人类存在的两难困境

存在主义者一直在试图让我们明白，即便是最优秀的人也难逃人类的两难困境——人性与神性、坚强与懦弱、有限与无限、动物性与超动物性、成熟与幼稚、胆小与勇气、前进与后退、渴望完满与惧怕完满、既是小人物又是英雄。基于目前已有的证据，我感觉我们必须承认存在这样的两难困境，同时还需承认，这两难之间的辩证统一关系是任何终极心理动力学和心理治疗的理论基础。此外，我认为这也是任何自然主义价值理论的基础。

然而，非常重要，甚至关键的是，我们必须放弃保持了三千年的亚里士多德逻辑所遵循的二元划分、切分、分离思维定式。（"A和非A是完全不同、相互排斥的。做出你的选择——其一或其二，但你不能二者都选。"）虽然有些困难，但我们必须学会整体思维而不是切分思维。所有这些"对立现象"，事实上都是以层级结构的方式整合起来的，对于健康的人而言，更是如此。心理治疗的一个合理目标就是将这些二元对立和分裂进行整合，即将原本看起来不可调和的对立现象进行整合。我们的神性必须建立在我们的动物性之上。我们的成熟也不意味着要放弃幼稚，而是接纳其好的方面，并以其为基础进一步发展。高级价值与低级价值以层级结构的方式整合在一起。根本上，二元划分会导致病态发展，而病态发展会导致二元划分。[请参考并比较戈尔茨坦（55）十分强大的分离概念。]

作为可能性的内在价值

我曾经谈到过，在一定程度上价值源自我们的本性。但在一定程度上，价值也是人自己创造或选择的。除了发现，我们还有其他方法弄清楚生活中我们遵守的价值。通过自我追问所发现的价值并非只有一个声音、一个方向、一种满足方式。几乎所有的需求、能力、才干都有多种满足方式。尽管这些方式的数量有限，但仍然是多样的。对于天生的运动员，可供选择的体育项目很多。对爱的需求可以被许多人中的任何一个人以多种方法给予满足。对天才的音乐家来说，单簧管和长笛给他带来的快乐几乎一样多。一个伟大的知识分子，成为一名生物学家、化学家或心理学家会给他带来等量的快乐。对于任何有善意的人来说，致力于各种事业或职业都能给他带来相同的满足感。或许我们可以说，人性的内在结构是柔性的，而不是刚性的。或者说，它可以像树篱那样被引导着朝一定的方向生长，甚至像有的果树那样被绑在支架上按照果农的想法生长。

尽管一位优秀的测试员或者治疗师很快就能发现一个人大致

的才能、能力和需求，并能给予他不错的职业指导，但这个人还是可能会在做出自己的选择之后又放弃这些选择。

另外，一个不断成长的人，根据机遇、所在文化的支持或反对等因素，模模糊糊地看清了他可以选择的几种命运之后，渐渐下定决心选择（是他主动选择的呢？还是他被动选择的呢？）成为一名内科医生，这时自我成就和自我创造的问题还是会很快出现。即便是对于那些"天生的内科医生"而言，自律、勤奋、延迟娱乐、强迫自己、塑造和训练自己，仍然是必要的。无论他多么热爱自己的工作，他有时还是不得不为了自己的整体目标而做一些自己不想干的苦工。

换言之，只有成为优秀的而不是糟糕的内科医生他才能获得自我实现。这个理想一部分是他自己创造的，一部分是他所在的文化赋予他的，一部分则是他在自己的本性中发现的。对于什么是优秀的内科医生的看法取决于他自己的才干、能力和需求。

发现疗法对价值探索有帮助吗？

哈特曼（61，第51、60、85页）认为，心理分析的结论并不能推导出一个人的核心道德价值（请同时参考第92页）。[①]"推导"

---

① 我不确定我和哈特曼的观点在多大程度上相异。比如，在我看来，哈特曼（第92页）有一段文章完全赞同我的上述观点，特别是他也强调"真实价值"。

请与费尔（Feuer，43，第13—14页）的这段简短的论述进行比较："真实与非真实价值的区别在于，真实价值是一个生物体原初冲动的表达，而非真实价值是焦虑引发的冲动的表达。二者的区别在于，前者是自由人格价值的表达，后者则是恐惧和禁忌压制下的价值表达。这一差异是伦理理论的一个基础，也是社会学以及人类幸福问题的基础。"

在这里是什么意思？我的观点是心理分析和其他发现治疗法能够揭示更具生物性、更本能的人性内核。这个内核包含了可以视为内在的、基于生物价值的某些偏好和渴望，虽然这些偏好和渴望并不强烈。所有的基本需求以及一个人所有的天生能力和才干都可以归为这一类。我不是说这些是"必然结果"或"道德强制项"——至少在传统、外在意义上不是如此。我只是说这些是人类的本性，如果被否定或遭到阻遏会导致精神病理反应，从而产生恶行，尽管病理反应和恶行并非同义词，但在一定程度上两者的意义是重叠的。

雷德利克（Redlich，109，第88页）也表达过相似的观点："如果一个人寻求心理治疗是为了寻找意识形态，那他注定会失望。就像惠利斯曾明确指出的那样，因为心理分析不能提供意识形态。"当然，如果我们只是字面地理解"意识形态"这个词，这种说法当然是正确的。

然而，这样理解的话，有些非常重要的内容就被忽略了。尽管发现疗法不能提供意识形态，但通过发现治疗，一定能发现内生价值的原基或基础。

这就是说，通过深层分析，治疗师可以帮助患者发现自己模模糊糊地追求、渴望和需要的最深层、内在的价值。因此，我认为正确的心理治疗与价值探索是相关的，而不是像惠利斯（174）说的那样是无关的。事实上，我认为很快我们就可能将心理治疗定义为价值探索过程，因为在终极意义上，探索自我身份的过程就是探索自己内在真实价值的过程。当我们明白一个人的自我认知（认清自己的价值）提高之后对其他人和整个现实世界的认知（认清它们的价值）相应地也会提高之后，这一点就更加明显了。

最后，我认为过于强调自我了解与伦理行为（及价值取向）之间的巨大差异,这本身就是认为思想和行为之间存在（设想出来的）鸿沟这一顽固思想的体现。而在讨论人的其他性格特质时，这种想法并不常见（请参阅 32）。这种想法与哲学家对"是"和"应该"、事实和规范之间的二元划分思维方式如出一辙。我对更健康的人、处于高峰体验中的人、那些想办法将好的偏执倾向与好的歇斯底里倾向整合起来的人的观察，得出这样的结论：总体而言，并不存在这样无法弥合的鸿沟。事实上，我观察到，有了清晰的自我认知，通常会直接转化为自发的行动或道德承诺。这就是说，当他们知道什么是正确的行动之后，他们就会去做。这样一来，在健康人身上，这种自我认知与行动之间还存在什么样的鸿沟呢？只剩下现实和存在的内在鸿沟，即只有真正的问题而不是虚假的问题。

此猜想有多正确，则深度发现疗法就在多大程度上能被证明不仅是去除疾病的方法，也是有效的价值发现方法。

第十三章　健康作为对环境的超越

此章节的目的是强调一个以避免其在当前关于心理健康的讨论浪潮中消失的观点。我认为当前关于心理健康的讨论中有一个危险，即以新颖且更精致的形式重申一个陈旧的观点——心理健康等同于一个人对现实、社会、他人的适应。这就是说，要界定一个人是否真实、健康，不是看他自身的内心、不是他的自主性、不是他的内在心理和非环境法则，不把他和环境区别对待，不把他视为独立或对立于环境，而是以环境为中心的各种标准，比如掌控环境的能力，能够恰当、有效、有能力地与环境互动，在环境中如鱼得水，能够很好地认知环境，能够与其保持良好的关系，按照环境的要求获得成果。换言之，职责分析、任务要求都不应该作为判断个体价值或心理健康的标准。

但人不仅有对外界的需求，也有对自己内心的需求。心理之外的一个中心点不能作为定义心理健康的理论依据。我们不能用一个人"胜任"什么作为标准来界定一个人，就好像他只是一个工具而非他自己，就好像他是为了某个外在的目的而存在似的。（在我的理解中，马克思主义心理学非常明确地认为一个人的心理就是对现实的镜像反映。）

罗伯特·怀特近期（1959）在《心理学评论》上发表的论文《动机新解》（"Motivation Reconsidered"，177）和罗伯特·伍德沃思（Robert Woodworth）出版的《行为动力学》（*Dynamics of Behavior*，184）特别引起了我的注意。我之所以提到他们，是因为他们的工作做得很出色、非常精细，将动机理论的研究向前推进了一大步。对于他们已经完成的工作，我完全赞同。但我觉得他们做得还不够。他们的理论中暗含着我前面提到的这种危险，尽管掌控、效果、能力可能是积极而非被动适应现实的一种表现，但仍然是适应理论的变体。尽管这些理论看起来很有道理，我认为必须跳出这样的理论，以便清楚地认识到，我们需要超越①环境、独立于环境，敢于挑战环境、忽略环境、背离环境、拒绝环境或适应环境。

————————

① 我之所以使用"超越"这个词，是因为我找不到一个更好的表述。"独立于"暗含着将自我和环境进行简单的二元划分，因此是不正确的。不幸的是，"超越"一词暗含"高级"且藐视、摒弃"低级"的意思，因此仍然是一种错误的二分法。我曾在其他场合将"二元划分思维模式"与"层级整合思维模式"进行对照，后者暗含高级是建立在低级之上的意思，是包括低级的。中枢神经系统、基本需求层级结构以及军队都是层级整合思维模式的例子。这里，我正是在"层级整合思维模式"这个意义上使用"超越"这个词。

（我要抵制住诱惑，不讨论这些词所体现的男性、西方、美国视角了。一个女人、印度教徒，甚至一个法国人在看到这些词的时候，首先会想到什么呢？）对于心理学理论而言，只有心理之外的成功是不够的，我们还必须将内在心理健康囊括进来。

另一个例子，要不是很多人都对其信以为真，我在这里根本不会提及，那就是哈利·斯塔克·沙利文（Harry Stack Sullivan）等人提出的观点，即用别人的看法来界定一个人的自我。这种极端的文化相对论完全忽视了一个人的健康个性。对于那些不成熟的人而言，这种定义是没问题的。但我们现在讨论的是健康的、充分发展的人，这样的人一定具备不过分在意他人看法的特质。

为了证明我的这种信念，即要理解完全成熟的人（真实、自我实现、个性化、有生产力、健康），我们必须对自我和非自我进行区分，我这里提出以下几点注意事项。当然，我的论证会非常简洁。

1. 首先，我在1951年发表的一篇文章中提出了"抵抗文化适应"（96）的观点。我在文中提到，我的一些健康的受访者对一些文化规范表面上接受，私下却满不在乎，不当回事。换言之，他们可以遵守这些规范，也可以不理睬这些规范。我发现，几乎他们所有人都会冷静地、不急不躁地将他们所处文化中的一些愚昧和不完善之处抛在一边。有些人会努力改造其所处的文化，有些人则不会做出过多努力。但如果他们觉得必要，一定会与其进行顽强的斗争。这里，引用一下那篇论文："他们对美国文化有着不同程度的喜爱、赞同、敌视、批评，这表明他们会接纳美国文化中他们认为好的东西，也会抛弃他们认为不好的东西。总之，他们会权衡自己所处的文化，并进行判断（根据他们内心的标准），最后做出自己的决定。"

同时，整体上，他们与他人的疏远程度令人震惊。他们非常喜爱独处，甚至是需要独处（97）。

"鉴于这些及其他种种原因，他们可以说是独立自主的人。这就是说，他们只按照自己的个性行事，而不是按照社会规则行事（如果这二者有分歧的时候）。从这种意义上说，他们不仅仅是美国人，他们更是人类这个物种中的成员。我因此假设，这些人应该更少'国家个性'，他们与不同文化的同路人之间的相似性胜于他们与自己文化中发展不太充分的成员之间的相似性。"①

我想特别强调的是，这些人都具有超然、独立、自我管理的性格特征，以及从自己内心寻找价值和生活指导原则的倾向。

2. 此外，只有在这样区分的基础上，我们才能为冥想、内观以及其他自我认知方式保留一席之地，我们才会为了倾听内心的声音而远离外在世界，而这些都是内观治疗法的治疗手段。其中，远离尘世是一个必要条件。在内观治疗法中，通过幻想、初级过程，整体上重新恢复内在心理，从而获得健康。但这种治疗恢复健康的可能性与心理分析治疗远离某个文化的程度成正比关系。[如果可能，我会更详细地讨论体验意识本身的乐趣，以及意识对于经验价值的重要性（28，124）。]

_____

① 实现这种超越的例子包括沃特·惠特曼或威廉·詹姆斯，他们是最深刻、最纯粹的美国人，但同时也是完全超越文化藩篱达到真正国际化的人类成员。他们的普世特性并不是因为他们是美国人，而是因为他们是非常优秀的美国人。因此，犹太哲学家马丁·布伯不只是犹太人。葛饰北斋（Hokusai）是典型的日本人，但也是一名世界性的艺术家。也许，没有任何世界性的艺术可以无根无源，地方性艺术与根植于地方的艺术之间的差别在于后者是由更具世界性的人完成的。皮亚杰曾经做过一个认知实验，表明只有当一个儿童的认知能力达到将日内瓦和瑞士视为一个层级结构的时候，他才能理解自己既是日内瓦人也是瑞士人。上述例子都援引自奥尔波特（3）。

3. 我认为，最近研究人员对健康、创造性、艺术、游戏和爱等话题的研讨兴趣，让我们对普通心理学有了更多了解。在这些研究成果中，其中有一点与本章的论点关联最大，那就是人们对于人性、无意识、初级过程、原始思维、神话思维和诗性思维的认识发生了改变。由于人们首先在无意识中发现了心理疾病的根源，所以我们倾向于认为无意识是不好的、邪恶的、疯狂的、肮脏的或危险的，并认为初级过程会扭曲真相。但现在我们发现，无意识也是创造性、艺术、爱、幽默、游戏甚至某些真相和知识的源泉，因此我们可以说，有些无意识也是健康的，是健康的退行。特别重要的一点是，我们应该重视初级过程认知以及原始或神话思维，而不是将其视为病态反应。现在我们可以把初级过程认知视为一种知识，这不仅仅是对自我的认知，也是对世界的认知。这些知识是次级过程无法感知到的。这些初级过程是正常或健康的人性的一部分，任何关于健康人性的综合理论都必须将其纳入研究范畴（84，100）。

如果你同意这一点，你就必须接受这样一个事实：初级过程认知是一种内在心理，有着自己的法则和规律，其目的首先不是为了适应外在的现实，也不是由外在现实塑造，或为了应对外在现实的需求而设置的。人格的更多表层会分化出来以应对现实。我们不能认为，人的整个心理就是应对环境的工具而已，因为这样做会让我们失去一些重要的知识，我们再也不敢失去这些知识了。诸如恰当、调适、顺应、能力、掌控、应对这样的概念都是以环境为中心的词汇，因此不能恰当地描述人的整个心理，因为人的部分心理与环境无关。

4. 人的行为有些是为了应对环境，有些则是为了自我表达，对这二者进行区分十分重要。我已经从各个方面驳斥了那种认为人的所有行为都是需求驱动的观点。在这里，我要强调一个事实：与环境应对行为相比，人的表达行为是无动机的，或者至少动机不那么强烈（取决于你对"动机"的定义）。在更纯粹的形式上，表达动机与环境没有关系，既没有改变环境的企图，也没有顺应环境的愿望。顺应、恰当、能力、掌控这些词不能用于描述表达行为，而只适用于应对行为。以现实为中心的完全人性理论不能胜任或包括对表达行为的解释。要轻松、自然地理解人的表达行为需要以人的内在心理为中心点（97，第十一章）。

5. 把注意力集中到任务上，就会在有机体内和环境中产生效能结构，凡是无关的内容就被搁置一旁或不被注意。各种相关的能力和信息在目标和目的主宰下进行排序。一项能力或信息的重要程度取决于其对于解决问题的助力有多大，或者说有用的程度。凡是无助于解决问题的能力和信息都变得不重要。选择就显得十分必要。抽象化也变得十分重要，但抽象化也意味着对某些事物视而不见，不关注或排斥。

但我们已经知道，与效能和能力（怀特将能力定义为"生物体有效地与环境进行交互的能力"）相关的有目的感知、任务导向，根据有用程度进行认知的行为会忽略一些信息，因此是一种不完全的认知。前面我已经提到，要做到全面认知，一个人必须做到超然、无求、无欲、无目的。只有如此，我们才能看清物体的本来天性、其本来目的、内在特征，而不是将其抽象地归纳为"什么是有用的""什么是可怕的"，等等。

在一定程度上我们试图掌控环境或对其采取有效的行动，但我们也无法全面、客观、超然、不干预地认知这些物体。当我们完全不干预地观察一个事物的时候，我们才能全面地认知这个事物。我需要再次指出，根据我心理治疗的经验，我们越是急于给出诊断结论和治疗方案，我们为患者提供的帮助越少。我们越急于治愈患者，所花的治疗时间越长。每一位心理病学研究人员都必须学会不要首先给予治疗，不要失去耐心。在这种时候及很多其他时候，投降才能战胜对手，保持谦恭才会取得胜利。遵循这一路线的道教徒和禅宗佛教徒一千年前就已经明白了这一道理，而我们心理学家才刚刚开始意识到这一点。

但最重要的是，我们初步发现，健康人更容易对世界进行 B 型认知，甚至说 B 型认知是健康心理的标志性特征。我在高峰体验（短暂的自我实现）中也发现了这一点。即便是在描述人与环境的健康关系时，诸如掌控、能力、有效性这样的词汇所包含的目的性也过于强烈，故将这些词用于描述健康心理概念是不太明智的。

对无意识过程认知态度的改变，所带来的一个结果是：人们可以假设，剥夺其感官体验对于健康人而言是令人愉悦的，而不仅是令人恐惧的。这就是说，由于关闭外在世界能让一个人意识到自己的内心世界，且因为健康人对自己的内心世界更易接纳，更能享受，因此他们有可能更乐于接受感官被剥夺。

最后，为了确保这一观点得到正确的理解，我想强调几点：首先，从内心寻找真实的自我是一种"主观生物学"，因为它要求一个人对自身的体质、性情，解剖学上的、生理和生物化学上的需求、能力和反应都有清晰的认识。也就是说，对自己的生物学特征十分清楚。此外，尽管听起来矛盾，但这确实是体验人类自己特性，即全人类共性的途径。也就是说，通过这种认知方式，我们可以体验到自己与所有人在生物特性上的兄弟关系，不管他们身处何种外部环境。

结　语

上述结论让我们学到了关于健康理论的以下几点内容：

1. 我们不能忽视自主自我或纯粹心理，绝不能视其为一种顺应环境的工具；

2. 理论上，在处理我们与环境的关系时，我们必须为接纳环境和掌控环境这两种关系都留有一席之地；

3. 心理学在一定程度上既是生物学的一个分支也是社会学的一个分支。但心理学有自己独立的研究领域，即并非对外部世界的反映，也不是由外部世界模制的那部分心理。有可能存在"心理心理学"之类的东西。

第六部分：未来任务

第十四章　成长和自我实现心理学的一些基本命题

当人类的哲学观（他的本质、目标、潜能和成就感）发生改变后，一切理论也会随之发生改变，不仅政治学、经济学、道德观和价值观、人际关系和历史学理论会发生改变，而且教育学这样帮助人们成其所能且深切需要成为的样子的理论也都会发生改变。

如今，我们对于人的能力、潜能和目标的认识也正在发生改变。关于人的发展潜能和命运，出现了一种新的观点，而这种改变不仅对我们的教育理念产生了影响，同时也影响着我们对科学、政治、文学、经济、宗教，甚至非人类世界的认知。

我认为，现在我们可以将此人性观称为一个完整、单一、综合的心理学体系，而这一体系的诞生正是为了弥补目前最全面的两大心理学体系——行为主义心理学（或称为联想心理学）和经典弗洛伊德心理分析——理论的不足（作为人性的哲学）。为这一心理学体系找到一个统一的标签是非常困难的，也许为时太早。过去，为了强调其根基所在，我称其为"整体动力"心理学；其他一些心理学家则使用戈尔茨坦的术语"有机性"；苏蒂奇和其他人则称之为自我心理学或者人本主义心理学。至于最终哪一个名称会胜出，让我们拭目以待。我自己的猜测是，几十年后，如果此心理学体系仍然保持足够的包容性和综合性，其名称应该就是"心理学"。

我想，基于我自己所做的研究，主要代表我自己发言，而不是作为一大群心理学家的"官方"代表会更恰当一些，尽管我相信我与他们在诸多方面都存在共识。我在参考文献中列出了一些"第三势力"心理学家的文章或著作。由于篇幅的限制，我在这里只罗列此心理学体系的主要命题，特别是对教育者有着重要启发的命题。我得提醒大家，我的不少观点目前还缺乏充分的数据支撑。有些命题更多的是建立在我个人的想法基础上而不是公开发表的事实证据基础上的。然而，在原则上，这些命题都是可确证或否认的。

1. 我们每个人的内在本性都是本能、内在、既定、"自然"的，即由可观察到的遗传因素决定的，而且很持久（97，第七章）。

遗传、体质和早期成长经历都会对个体自我根基产生影响，这么说是有道理的。生物因素只是自我的一部分根基，且非常复杂，无法简单地予以描述。无论如何，这是一个"原材料"而非成品，会与本人、密切关系人及其周遭环境等互动。

我将基本需求、能力、才干、生理素质、气质、产前和产后伤害、婴儿期的心理创伤都纳入本质内在本性的范畴。此内在本性主要体现为自然倾向、习性和内在偏好。是否需要将生命最初几年所形成的防御、环境应对机制、"生活方式"以及其他个性特质归为人的本性还需要进一步讨论。在与外界进行互动的过程中，这一原材料很快就会成长为自我。

2. 这些内在本性只是一种潜能，还不是最终现实，因此它们都需要以生活经历作为支撑，必须以发展的眼光来看待。这些潜能的实现、塑造或湮灭主要（不完全）是由外在心理因素（文化、家庭、环境、学习过程等）决定的。在人生的最初阶段，这些没有目标的冲动和倾向以渠道化（122）的方式以及主观联想的方式附着在物体（"情感"）上。

3. 这一内在本性，尽管有生物基础，是"本能"的，但从某种意义上来讲，却是十分脆弱的，很容易被打败、压制或压抑，甚至还可能被永远地抹杀。人类不再拥有动物意义上的本能——那种强烈的、明确无误的内在声音，告诉他们什么时候、在哪里、和谁、怎么做的本能。我们体内只保存着一些本能的残余。此外，这些残余本能十分软弱、微妙、精细，很容易被教化、文化期待、恐惧、反对等淹没。了解本性并非易事。真正的自我可以部分地定义为能够听见自己内心的冲动，即知道自己真正想要和不想要的是什么，自己擅长和不擅长的是什么，等等。每个人倾听自己内在冲动的力量是各不相同的。

4. 每个人的内心本性既具有人类的共性（物种范围内），又具有自己的独特（特殊的）个性。每个来到这个世界的人都有爱的需求（尽管后来可能会因为某些原因消失）。音乐天赋只有极少数人具备，而且其音乐风格各不相同，比如莫扎特和德彪西。

5. 从科学和客观的（即以恰当的"科学"）角度研究这一本性、发现（而不是发明或建构）其规律是可能的。通过主观的心理反思和心理治疗也是可能的，且这两种方法相辅相成。

6. 此深层本性的很多方面要么像弗洛伊德所说的那样被主动地压抑了，因为这些本性都是可怕的或遭人反对或自我矛盾的；要么就像沙赫特尔所说的那样被"遗忘"（忽视、废弃、遗漏、非语言化）了。因此大部分深层本性是无意识的。就像弗洛伊德所强调的，不仅人的冲动（驱动力、本能和需要）如此，人的能力、情感、判断力、态度、界定能力、认知等也都如此。主动压抑需要刻意努力。要主动地保持无意识，还需要用到诸多技巧，比如否定、投射、反应生成等。然而，压抑不会扼杀那些被压抑的意识，被压抑的意识仍然作为思想和行动的积极决定因素继续存在。

主动和被动压抑似乎在生命初期就开始了，主要是作为对来自父母或文化批评的反应。

然而，一些临床证据显示，孩童或青春期少年的内心压抑可能也源自其内在心理而不是文化，比如在青春期担心自己的冲动会失控，担心自己会心理分裂、崩溃、爆发，等等。理论上存在这样的可能性：一个儿童自发地形成恐惧和反对自己的冲动，于是使用各种方式防御这些冲动。如果真有这种情况的话，社会可能不是唯一的压抑力量，可能存在压抑和控制的心内力量。我们可以称之为"内在的反情感发泄"。

我们最好将无意识冲动和需求与无意识认知方式区分开来，因为后者更容易被带入意识中加以修订。初级过程认知（弗洛伊德）或原始思维（荣格）通过创造性艺术教育、舞蹈教育和其他非言语教育技巧得以恢复。

7. 尽管非常"微弱"，但对于普通的美国人而言，这种内在本性几乎不会消失或消亡（但在一个人生命的早期，内在本性则可能消亡）。即便被否定和压抑，在暗地里、无意识中，内在本性会一直存续下去。跟智力（也是一种本性）的声音一样，本性的声音，虽然形式上可能发生扭曲，很轻柔但能够被听到。换言之，本性有着自己的动力，会一直寻求开放、不受限制的表达。为了压制或压抑本性，一个人得付出努力，这会造成疲劳。而这一动力就是"健康意愿"、成长冲动、自我实现、自我身份探索的主要动力之一。原则上，正是这股力量使得心理治疗、教育和自我提升成为可能。

8. 然而，这一内在核心或自我，只有一部分是通过（客观或主观）发现，即揭开和接受预存于"内心"的东西，迈入成熟阶段。还有一部分自我是本人创造出来的。生活就是持续不断的一系列选择，而选择的主要决定因素就是本人已经达到的状态（包括他对自己的目标设定，他的勇气或恐惧，他的责任感，他的自我强度或者说他的"意志力"，等等）。当我们说一个人"完全决定了"的时候，这个"决定"不再是"只由一个人外界的力量所决定"中的"决定"所表达的含义。只要这个人是一个真实的人，他就是自己的主要决定力量。因此，每个人，部分是"自己的一个项目"，部分创造了他自己。

9. 如果人的本质核心（本性）遭受挫折、否定或压抑，就会引发疾病。有时会病得明显，有时会以微妙或变相的形式表现出来；有时发病会很急，有时发病会延迟。这些心理疾病的种类远比美国精神病学会所列出的种类要多得多。举例来说，如今看来性格失调和性格障碍对世界的影响，远比传统的神经症甚至精神病大得多。这一新观点认为，新型心理疾病危险性更大，比如"人格发育欠缺或发育不良的人"——丧失任何标志性人性特质，丧失人格，无法发展自己的潜能，没有价值取向等。

这就是说，任何成长、自我实现、完全人性方面的不足都被视为普通的人格疾病。受挫（包括基本需要受挫、存在价值受挫、特质潜能受挫、自我表达受挫、按自己风格和步调成长受挫）被认为是疾病的主要成因（尽管不是唯一成因），在人的早年时期尤为如此。也就是说，基本需求受挫不是精神疾病或人性受损的唯一根源。

10. 人的内在本性，就我们目前所掌握的知识来看，肯定不是"邪恶"的。相反，在我们文化中的成年人看来，人的内在本性要么是"好的"，要么是中性的。最准确的说法应当是"先于善和恶的"。就婴儿和儿童的本性而言，这么说没有任何问题。但如果我们指的是仍然存在于成年人心中的"婴儿"，情况就要复杂多了。而如果我们从 B 型心理学而不是 D 型心理学来看待这个成人心中的"婴儿"问题，则情况就更加复杂了。

上述结论是以与人性有关的真相探究和真相挖掘方法为支撑的，这些方法包括心理治疗、客观科学、主观科学、教育与艺术。比如，从长期来看，发现心理治疗能减少患者的敌意、恐惧、贪婪等，增加他们的爱意、勇气、创造力、善意、利他主义等。这让我们得出结论：后者比前者更"深层"，更自然，更根本。这就是说，通过发现治疗，我们所谓的"坏"行为减少或被清除，而我们所谓的"好"行为得到了培养和增强。

11. 我们必须将弗洛伊德式的超我与内在良心和内在负疚感区分开来。原则上，前者是将他人——父亲、母亲、教师等——而不是本人的反对意见纳入自我意识中。因此，负疚感是对他人反对意见的接受。

内在负疚感是对自己内在本性或自我的背叛，是自我实现的歧途，本质上是合理的自我反对。因此它并不像弗洛伊德式负疚感那样与文化相关。内在负疚感是"真实的"，或"应该的"，或"合理的"，或"正确的"，因为内在负疚感是本人内心一种真实的落差感，而不是偶然、随意或纯粹相对的地方观念。从这个角度看，当一个人在成长的过程中需要内在负疚感的时候，内在负疚感是可取的，甚至必要的。这不是一种需要竭尽全力避免的症状，而是指引人们朝着真实自我实现其潜能发展的向导。

12. "邪恶"的行为常常指不恰当的敌意、残忍、破坏、"卑劣"的攻击性。我们对这些行为现在还了解不足。如果此类品质是人的本性，人类的未来会是一种情况；若这只是一种反应（在受到不当对待之后）行为，人类的未来则完全是另一种情况。我的看法是，大量证据显示，不加区分地破坏性敌意是一种反应行为，因为发现治疗能够降低其程度，将其改变为"健康的"自我肯定、拥有力量、有选择的敌意、自我防御、正当的义愤等。无论如何，我们在自我实现者身上也发现了实施攻击和表达愤怒的能力，当外在环境"召唤"时，他们可以将这一能力发挥得淋漓尽致。

儿童的情况就复杂得多。不过，我们知道健康的孩子也能够合理表达愤怒、自我保护、坚持自己的观点，即反应性攻击。据此我们设想，儿童不仅仅要学会控制他的愤怒，也要学会在什么时候如何表达自己的愤怒。

我们文化中所谓的邪恶行为也可能是源自无知以及对一些观念的幼稚解读（无论是在孩子中，还是在被压抑或"遗忘"的孩子式的成年人中）。比如，兄弟姐妹之间的竞争源自儿童渴望独享父母关爱的愿望。原则上，只有他成熟之后，才能明白母亲对他的爱并不会因为有了兄弟姐妹而停止。正是对爱的幼稚解读，才让他做出没有爱心的行为，而不是毫无根据地做出那样令人厌恶的行为。

常见的对真、善、美的憎恶、愤恨、嫉妒，很大程度上是人们感觉自己的自尊受到了威胁，比如撒谎者感受到了来自诚实者的威胁，长相平平的女孩感受到了来自漂亮女孩的威胁，胆小鬼感受到了来自英雄的威胁。每一个比我们强的人都让我们的短处受到挑战。

然而，更深层的原因则是命运的公平和正义这一终极存在问题。身患疾病的人可能会嫉妒健康人凭什么得到了健康？

在大多数心理学家看来，邪恶行为，正如这些例子所展示的，都是反应性行为。这意味着，即便"不好"的行为深深扎根于人的本性，不能完全消除，但也许当人格成熟、社会进步之后，这些行为会减少。

13. 很多人仍然认为，"无意识"是一种退行能力，初级过程认知必然是不健康的、危险的、糟糕的。然而，心理治疗的经验正在慢慢教会我们不要这么看。我们的内在本性也可以是善的、美的、可取的。对爱、创造力、游戏、幽默等的根源追溯研究结果显示，它们都根植于人的内在、深层自我，即无意识中。要发现、享受、利用这些力量，我们必须具备"退行"的能力。

14. 如果别人和本人不能接纳、喜爱、尊敬其本性，一个人无法获得心理健康（反之不一定成立，即如果一个人的本性得到了尊重等，他就能获得心理健康是不成立的，因为心理健康还需要满足其他条件）。

未成年人的心理健康被称为健康成长，而成年人的心理健康则有多种称呼：自我成就、情感成熟、个体化、能产性、自我实现、真实、充分人性化等。

健康成长是一个下属概念，因为其通常被定义为"朝着自我实现的成长"等。而一些心理学家只谈及一个总体目标或目的或人类发展倾向，认为所有非成熟的发展现象只是自我实现之路上的几个步骤而已（戈尔茨坦，罗杰斯）。

尽管对自我实现的定义有多种，但所有的定义都具有一个相同的共核，即都承认或暗含两点：其一，接纳和表达本性或自我，即潜能的实现，"功能充分发挥"，人类和个人本质的流露；其二，所有定义都暗含一个意思，即自我实现需要最大程度减少心理疾病、神经症、精神错乱、基本人性和个人能力的丢失或减损。

15. 有鉴于此，是时候激发和鼓励，至少是承认人的内在本性，而不是对其进行压制或压抑。纯粹的自发性就是自由自在、无拘无束、不受控制、信任、无须预先思考地表达自我。这就是说，让心理力量最低程度地受到有意识的干预。控制、意志、谨慎、自我批评、衡量、审慎会对这种自发表达进行钳制，而这种钳制是心理世界以外的社会和自然法则的内在需求，而心理本身的恐惧（内在的反情感发泄）又进一步强化了这种需求。从某种宽泛的意义上讲，由于对心理的恐惧而实施的心理控制在很大程度上都是神经症或精神病态的行为，或者说本质上或理论上是不必要的行为。（健康的心理不是可怕的，因此不必感到恐惧，虽然几千年来人们一直害怕面对自己的内在本性。当然，不健康的心理是另一回事。）通过心理治疗，或任何深层自我认知和自我接纳，这种控制通常会随着心理健康的增强而减弱。然而，还有一种心理控制，不是因为恐惧，而是为了让自己的心智保持完整、有序、统一（内在的反情感发泄）。同时，还有其他意义上的"控制"，比如，当人们追求更高级的自我表达时——艺术家、知识分子、运动员通过努力习得技能时也会对自己的本性进行"控制"。但当达到自发的程度之后，所有这些控制都会被超越，从而成为自我的一部分。

　　自发性和控制之间的平衡会随着一个人的心理健康程度和世界的健康程度的变化而不断变化。纯粹的自发心理活动是不可能持续太久的，因为我们所处的世界有着自己的非心理法则。但在睡梦、幻想、恋爱、想象、性生活、创造力的最初几个阶段、艺术创作、智力游戏、自由联想等过程中它是可能存在的。纯粹的控制也不可能持久坚持下去，因为如果这样的话，人的心理就会死亡。从我们的文化和当前所处的历史节点来看，有必要让这一平衡关系向自发性、表达力、被动接受、无意志、相信没有控制和主观意志的过程、无计划行为、创造性等倾斜。但我们必须认识到，在其他文化和领域内曾经有过，将来也会出现向天平的另一边倾斜的情况。

16. 现在我们已经知道，一个正常儿童在正常发展过程中，大多数时候，如果真的可以自由选择，他会选择有利于其成长的选项。他之所以选择某项，是因它尝起来不错、感觉不错、能带来快感或欢乐。这意味着他比任何人都"清楚"什么对他来说是好的。一个宽容的环境不是说成年人必须直接满足儿童的需求，而是为他创造一个能让他满足自己需求的环境，一个能让他自由选择的环境，即任其自然。为了让儿童能够健康成长，成年人要对他们有足够的信任，也要对自然成长的过程有足够的信任，即不要干预太多，不要拔苗助长，或强迫他们接受预先制定的规划，而是让他们自然生长，并让他们在道家环境中而不是专制的环境中成长。

17. 按照"接纳"自我、命运、使命的逻辑，可以得出以下结论：大众要获得心理健康和自我成就，主要途径是满足基本需求，而不是阻止基本需求的满足。这与人性本恶观念下的压制、不信任、控制、监督形成鲜明对照。生命在母体内完全是无忧无虑、没有挫折的。人出生后的第一年最好也能无忧无虑，没有挫折，这个观点目前已得到普遍承认。禁欲主义、克己或对机体需求的刻意拒绝，容易导致机体被削弱、发育不良或者残疾，至少在西方是如此。即便在东方，在这种不良情况下完成自我实现也只有极少数特殊人士才能做到。

18. 但我们也知道完全不受挫折也是危险的。要变得强大，一个人必须具备抗挫折的能力，能够认识到物质世界对于人的愿望毫不在意，能够爱他人，乐于看到他人的和自己的需求得到满足（不将他人看作实现自己目标的手段）。有足够安全感、爱和尊重得到满足的儿童，能够从适量的挫折中受益，并获得更好的成长。但如果挫折超过了儿童的承受范围，完全将他击败，我们就称其为心理创伤型挫折，对于儿童的成长弊大于利。

现实、动物或其他人不会迁就我们，让我们感受到挫折，通过这些经历，我们便学会了区分愿望和事实（哪些通过许愿可以实现，哪些事情是我们的愿望无法左右的），从而使我们获得在世界上生存的能力，并根据现实情况做出必要调整。

我们也由此了解了自己的能力和缺陷，并相应地尽最大努力去克服困难，迎接挑战，甚至失败。这可以是巨大斗争中的巨大快乐，能够驱走恐惧。

过度保护意味着孩子的需求都由他的父母给予了满足，他自己没有做出努力。这会导致他一直处于婴儿状态，阻碍他发展自己的能力、意志和主张。在有的情形下，可能会教会他利用他人而不是尊重他人。在另一种情形下，可能意味着父母不信任、不尊重孩子自己的力量和选择，换句话说，父母的过度保护是对孩子的贬低和侮辱，会使孩子觉得自己一无是处。

19. 我们必须认识到，为了成长和自我实现，一个人的能力、器官和器官系统迫切想发挥作用，希望得到使用和锻炼。得到发挥会让人满足，得不到发挥会让人焦躁不安。身强力壮的人喜欢锻炼肌肉。事实上，为了让自己"感觉良好"以及获得和谐、成功、自由自在的主观感受，他必须去锻炼。这些主观体验是实现健康成长和保持心理健康的一个相当重要的方面。在智力、子宫、眼睛和爱的能力方面，情况也是如此。人的能力迫切需要得到展现，只有得到展现才会消停。也就是说，发挥能力也是人的一种需求。运用自己的能力不仅能带来乐趣，而且对成长来说也是必不可少的。若某项技巧、能力、器官没有机会发挥其功能，可能会催生疾病，或者这些技巧、能力、器官会萎缩或消失，从而导致人的弱化。

20. 心理学家继而假设，对一个人而言，存在两个世界，两种现实。一个是自然世界，另一个是心理世界；一个是毫不妥协的物质世界，另一个是愿望、希望、恐惧、情感世界；一个是以非心理规则运行的世界，另一个是以心理规则运行的世界。除了极端情形，二者的分界线并不十分明显。毫无疑问，幻想、梦境、自由联想是合理的，但与逻辑的合理性，与人类灭亡之后仍然存在的这个世界的合理性是截然不同的。当然，这一假设并非要否认这些世界是有关联的，甚至可能融合为一体。

我可以说，有很多或者说大部分心理学家都是在这个假设指导下工作的，尽管他们非常乐于承认这是一个不可调和的哲学问题。任何一个心理治疗师都必须承认这个假设，否则就得放弃执业。这是心理学家的典型做法：绕过困难的哲学问题，尽管某些假设难以证明是真的，也将其"当作"是真的来采取行动，比如，对于"责任""意志力"等的普遍假设。健康的一个表现就是具备同时生活在这两个世界中的能力。

21. 可以从动机视角，或者说，匮乏性需求满足的顺序来对比成熟和不成熟。从这个角度看，成熟或自我实现意味着超越匮乏需求。这个状态可以称为元动机或无动机状态（如果匮乏被视为唯一的动机），也可以称作自我实现、存在、表达而非应对状态。这种状态的存在，不需费力，或许可以视为"自我"的同义词，是"真实人性""为人""充分人性化"等词汇的同义词。成长的过程就是一个人的形成过程，这与"为人"是不同的。

22. 我们也可以从认知能力（或情感能力）的角度来区别成熟与不成熟。维纳（Werner）和皮亚杰（Piaget）对成熟和不成熟认知进行了很好的描述。我们现在可以增加一对区别，即 D 型认知、B 型认知（D = Deficiency，B = Being）的区别。D 型认知可以定义为以基本需求或匮乏需求及其满足和挫折为视角的认知。换言之，D 型认知可以是自私的认知，在这种认知视角下世界上的事物被分为两类：满足需求的事物和妨碍需求满足的事物，而世界的其他特征都被忽略或模糊化处理了。不是为了判断物体对观察者而言有多大价值，不是为了了解该物体能在多大程度上满足或影响其需求，或对其有多大影响，而只是为了了解和观察物体本身的特性对物体进行的认知即 B 型认知（或称为超越自我、不自私、客观的认知）。尽管 B 型认知与成熟不能等同（儿童也能够从非自我的角度进行认知），但总体而言，当自我意识或个人身份意识更明确之后，B 型认知会变得更频繁也更轻松（不过，D 型认知是所有人，包括成熟的人，有生之年一直都需要的认知方式）。

一个人的认知越无私、无惧，其认知结果就更真实，更"本质"，更全面（不会用抽象来撕裂被观察对象）。因此，要客观而真实地描述任何现实的目标，就需要观察者有健康的心理。神经症、精神变态、成长停滞，从这个角度来看也都是认知疾病。这些疾病损害了一个人的观察、学习、记忆、注意力和思考等能力。

23. 此型认知的一个副产品是对爱的高级和低级层次有了更好的了解。D 型爱与 B 型爱的区别大致与 D 型认知和 B 型认知或 D 型动机和 B 型动机相同。如果没有 B 型爱，要和一个人，特别是儿童，保持理想的关系是不可能的。这一点对于教育尤其重要，这也隐含在教育过程中，还要保持道家无为和信任的态度。这一点也适用于我们与大自然的关系，那就是说，我们应该让大自然保持其本性，或者我们也可以将大自然作为为我们目的服务的工具。

24. 尽管原则上自我实现并不困难，但在实践中却极少发生（以我的标准来看，能做到自我实现者甚至不到总人口的 1%）。这涉及多个层次上的多种原因，囊括我们已经掌握的所有精神病理学因素。我们在前面已经提到了一个主要的文化因素，即认为人的本性是邪恶和危险的观点；我前面还提到了一个妨碍人们获得成熟的生物因素——人已经失去了知道什么时候做什么事情以及怎么做的强大本能。

将精神疾病视为对自我实现潜能的阻碍、逃避、恐惧，与将其视为像肿瘤、毒药、病毒一样从外面攻击人体的疾病，将这两种情况进行区分是十分困难的，但这一区分十分关键，因为后者对人格没有影响。人性的弱化（人类潜能和能力的丢失）是比"疾病"更有用的概念，更满足我们此处理论描述的需要。

25. 成长不只会给人带来快乐和奖赏，也会持续带给我们内在的痛苦。每向前一步都是向未知领域进发一步，因此可能会有危险，还意味着放弃熟悉的、舒服的、令人满足的事物，常常意味着分手和道别，甚至重生之前的死亡会让人产生怀念、恐惧、孤独、哀悼的情感。同时它也意味着放弃一种简单、朴素、毫不费力的生活，以换取更辛苦、责任更多、更困难的生活。除了经历这么多失去，成长还需要勇气、意志、个人力量，以及来自环境的许可、鼓励、保护，对儿童来说更是如此。

26. 因此，我们可以将成长或成长缺失看作鼓励成长和阻碍成长（退行、恐惧、成长的痛苦、无知等）两组力量辩证发展所形成的结果。成长既有优势也有劣势，不成长也有自己的优势。未来会拉着我们朝前走，但过去也会拉着我们向后走。我们的内心不仅有勇气也存在恐惧。健康成长的理想方式，原则上，是增强朝前成长的优势以及不成长的各种劣势，并减弱最小化成长的劣势和不成长的优势。

稳态倾向、"需求导向"倾向、弗洛伊德式防御机制，都不是成长倾向，而是生物体的防御、痛苦消除机制。但这些机制是十分必要的，并不总是病态的。它们通常比成长倾向更有优势。

27. 这些都意味着这是一套自然价值体系，是对人类和人类个体的本性进行实证描述研究的副产品。通过科学或自我反省的方式研究人类可以发现其前进的方向，他的人生目标，什么对他是有利的，什么对他是不利的，什么会让他具有美德，什么会让他感到愧疚，为什么选择有利于他的东西会很困难，邪恶对他的吸引力在哪里。（注意，不要使用"应该"这一词。此外，上述这些知识也是因人而异，并非"绝对"。）

28. 神经症并非一个人本性的一部分，而是一个人为了防止或避免直面人的本性而形成的，也是人本性的一种扭曲表达（由于恐惧）。通常来说，这是因为害怕这些需求、满足和有动机行为，但又力图以隐秘、伪装或自我欺骗的方式满足自己基本需求所导致的一种结果。以神经症的方式表达自己的需求、情感、态度、定义、行为等，就是不充分地表达自己的本性。如果一个施虐狂、操纵狂或变态说，"为什么我不应该表达我自己？"（即杀人），或者"为什么我不应该自我实现？"等，答案是，这些并非自己本性的表达，恰恰是对自己本性的否定。

任何神经质的需求、情感或行动都是一个人能力的丧失，他不能或不敢正大光明地表达这些需求、情感或行动，只能以鬼祟和不满的方式加以表达。此外，他通常已经失去了自己健康的心理、意志、控制感、享乐的能力、自我欣赏等。他的人性已经弱化了。

29. 我们当前正在努力理解一个事实：一个人若没有一套自己的价值观，他当是一个精神病态者。一个人需要一个价值体系、一种生活哲学、一个宗教或宗教的替代品才能生活下去，才能理解生活，就像他需要阳光、钙和爱一样。我称之为"理解认知需求"。由于缺乏价值体系而导致的价值疾病有各种称呼，比如，快感缺乏、道德失范、冷漠、道德意识缺失、绝望、玩世不恭等，这些价值疾病也可能转换成肉体的疾病。从历史角度看，我们正处在价值的转型期，所有外在价值体系（包括政治的、经济的和宗教的等）都已经被证明是无效的，比如，没有什么事情值得我们为之献身。但一个人会不停歇地寻找自己需要但未得到的东西，他会为达目的不顾一切，这是非常危险的。很明显，此疾病的药方就是找到一个有效的、切实可行的、让我们信仰并忠诚的人类价值体系（愿意为之付出生命）。我们信仰这个价值体系不是因为我们被哄骗去"信仰"，而是因为我们觉得这些价值是真的。现在看来，找到这样一个基于实证的世界观是可能的，至少在理论上是可能的。

儿童和青少年内心的很多冲突就是由成年人对他们的价值不太肯定而造成的。因此，很多美国的年轻人不按照成年人的价值观念生活，而是按照青少年的价值观念生活，这些价值观当然是不成熟的、无知的，且很大程度上是建立在青少年含糊不清的认知基础上的。这些青少年的价值观，在西部电影中的牛仔或青少年犯罪团伙身上得到了很好的体现。

30. 在自我实现层面上，很多二元对立问题得到了解决，对立的双方被视为一个统一体。人们逐渐认识到，整个二元划分的思维方式是不成熟的。在自我实现的人身上，我们可以看到自私和无私倾向于在更高层级上形成一个统一体：工作与玩耍是倾向于一体的；职业与业余工作也是一体的。当职责令人愉悦，而职责又能带来快乐的时候，两者的界限和对立就消失了。我们发现，最高级的成熟包含孩童的天真，而健康的孩童具备成熟的自我实现。内心与外在的分裂，自己与他人的界限不再那么清晰，而是变得模糊，而且在最高级的人格发展层面二者是相互渗透的。现在看来，二分法是低阶人格发展和心理功能的特征，这种认知方式既是精神病态的原因也是其结果。

31. 我们对自我实现者的研究得出一个最重要的发现，他们倾向于将弗洛伊德的二分法和三分法，即意识、前意识、无意识（即本我、自我、超我）整合起来。弗洛伊德的"本能"及防御之间的对立，在他们身上表现得不明显。冲动更多地得到了表达而不是受控制；而控制也不那么僵硬、不灵活，也不是由焦虑决定的。超我也没有那么严厉，惩罚力度也没有那么大，更少针对自我。初级和次级认知过程发挥着同等重要的作用，得到了同等重视（而不是将初级认知过程视为一种病态反应）。事实上，在高峰体验中，初级认知过程和次级认知过程之间的藩篱倾向于彻底消除。

这与弗洛伊德早期的观点形成了鲜明对比。早期，弗洛伊德认为，各种力量是完全二元对立的，是互相排斥、利益互不相容的。也就是说，这些力量是对抗而非互补或合作的，一方"胜过"另一方。

这里，我们希望再次重申：（有时）无意识是健康的，退行是可取的。此外，我们认为理性与非理性应该统一起来，非理性也可以被认为是健康、可取甚至必需的。

32. 健康人在另一方面也比普通人更统一。在他们身上，逻辑、认知、情感、动作并非全然分离，而是协作统一的，也就是说相互配合以达到目的。理性、仔细思考所得出的结论与胃口凭直觉选择所得出的结论相同：一个人想吃的、喜欢吃的很可能就是对他有益的。他自发的反应与他提前思索好的反应一样有用、高效和正确。他的感觉和运动反应相互关联得更紧密。他的各种感知能力相互连接得更好（外相感知）。自古以来，人们试图以二元划分和层级结构而非整合的方式建构起人类的理性体系——其中理性被视为最高级的能力。现在我们已经知道，这么做既是困难的，也是危险的。

33. 健康的无意识和健康的非理性这两个概念的提出，让我们对纯粹抽象思维、纯粹语言思维、纯粹分析思维的弱点有了更明确的认识。如果我们希望全面地认知这个世界，就必须为前语言、不可言说、隐喻、初级过程、具象体验、直觉和美学认知保留一席之地，因为这是我们认识现实世界的唯一方式。即便在科学上这种说法也是正确的，因为我们已经知道：（a）创造力植根于非理性；（b）语言永远不足以描述现实的各个方面；（c）任何抽象的概念都会遗漏许多现实信息；（d）被我们称作"知识"的东西（它通常高度抽象、言语化、定义严格）常常让我们看不到抽象概念中没有包含的现实。也就是说，知识突出了一些信息，同时又省略了不少信息。抽象的知识有利有弊。

科学和教育因为完全是抽象、言语化和书本化的，没有为原始、具象、审美体验留下一席之地，更没有为人的主观体验保留足够的位置。比如，心理学家一定会赞同一点：在观察和艺术创作、舞蹈、体育（希腊式）、现象观察等领域，教育应该更有创造性。

抽象、分析思维的终极目的是做到极简，比如形成一个公式、图表、地图、蓝图、图示、卡通画、抽象油画作品。这样一来，我们对世界的掌控会得到增强，但我们也会牺牲掉很多丰富的细节。但如果我们能学会重视 B 型认知、用心观察、注意力自由发挥，我们对世界的认知会变得更加丰富而不是更贫乏。没有理由不让"科学"这个概念扩展到包含两种认知方式。

34. 健康人深入无意识和前意识，使用和重视自己的初级过程，接受而不是害怕、控制自己的冲动，没有恐惧地主动退行的能力正是他们创造力的主要来源。于是我们能够理解为什么心理健康与某种通用的创造力（特殊才能除外）密切相关，以至于有些心理学家认为二者是同义词。

心理健康与理性和非理性力量的统一关系让我们明白，为什么心理健康的人能够更好地享受、爱、笑、玩乐，更有幽默感，更傻气，更古灵精怪，更爱幻想，更喜欢做一些"疯癫"但让人愉悦的事情。且总体而言，他们允许自己体验各种情感，特别是高峰体验，对这些情感体验更珍视，更享受。高峰体验的频率也比其他人高。这让我们有一种强烈的预感：让儿童根据需要临场学习会让他们走向健康。

35. 美学感知和创作以及美学高峰体验，是人类生活、心理、教育的一个核心而不是边缘内容，原因如下：首先，所有的高峰体验都是对人内心各种想法之间、人与人之间、人与世界之间分裂的整合。因此，高峰体验是有利于健康的，且本身就是一个短暂的心理健康状态。其次，这些体验赋予了生活一种合理的意义，让生活变得有价值，而这部分地回答了"我们为什么没有自杀？"的问题。最后，这些体验本身就是有意义的，等等。

36. 自我实现不等于人类的所有问题都得到了解决。在健康人身上仍然能找到冲突、焦虑、挫败、悲痛、伤心、负疚等问题。整体而言，当一个人走向成熟，神经症的伪问题逐渐让位于人类生活中的真问题，即那些不可避免的、存在性问题，以及生活在特定世界中的人（即便在他状态最佳的时候）固有的问题。即便一个人没有神经症问题，他还是会被真正的、可取及必要的负疚感、内在良心（而非弗洛伊德的超我）所困扰。即便他已经超越了形成（Becoming）问题，他也还需要面对存在（Being）问题。如果一个人原本应该为某事而烦恼，却没有感到烦恼，这就是患病的表现。有时，过于自满的人需要被"吓得回过神来"。

37. 自我实现的形式并非统一的。自我实现需要通过女性化或男性化来实现，也就是说，女性化或男性化是优于普遍人性的需求。

同时，目前有少量证据显示，体质不同的人自我实现的方式也不相同（因为他们需要实现的内在本性是不同的）。

38. 自我成长和充分人性化的另一关键是，儿童逐渐摆脱他软弱、渺小时期所用的心理技巧，并转向一个坚强、高大、有力、全能、上帝一般的成人所采用的技巧。他必须使用坚强、独立、自我管理的技巧。这包括放弃希望独占父母之爱的强烈愿望，学习爱他人。他必须学会自己满足自己及他人的需求，而不是依赖父母。他必须找到自己的良知，放弃内化为自己唯一的道德指导的父母的观念。对儿童来说，以弱小适应强大的技巧是必要的，但对大人来说，这么做显得不成熟、太幼稚。他必须用勇气取代恐惧。

39. 从这个角度上看，一个社会或文化有可能利于一个人的成长，也可能限制一个人的成长。然而，成长和人性根植于一个人的内心，并非是由社会创造或发明的。社会只能推动或阻碍人性的发展，就像花匠可以帮助或阻碍玫瑰花的生长，却无法将玫瑰花改变成橡树一样。我们知道文化，比如语言、抽象思维、爱的能力，是人自我实现的必要条件。但这些人性的种子在文化对一个人产生影响之前就作为一种潜能存在了。

这样一来，我们就可能建立起一门融文化相对论和文化超越论于一体的比较社会学。凡是能满足人类基本需求、允许自我实现的文化就是"较好"的文化；凡是不能做到这一点的就是"较差"的文化。这一点标准也适用于教育。凡是有助于培养自我实现的教育就是"好"的教育。一旦我们用"好"和"差"来谈论文化，我们就是将其视为手段而非目标，这时"适应"的概念就会成为一个问题。我们必须追问："那些'适应良好'的人适应的是什么样的文化或亚文化？"我们可以肯定地说，适应并不是心理健康的同义词。

40. 这似乎是一个悖论：获得自我实现之后，一个人更能超越自我，超越自我意识和自私自利。自我实现使得一个人更容易获得内心和谐，即将自己与一个比自己更大的整体融为一体（6）。要获得内心完全的和谐，前提条件是完全的独立自主，在一定程度上，反之也成立。一个人能获得独立自主，需要成功的和谐体验（儿童般的依赖、B 型爱、对他人的关爱等）。当然，需要指出的是，和谐也是分层次的（越来越成熟），此外，将"低级和谐"（恐惧、软弱、退行）与"高级和谐"（勇气、充分自信的自主性），"低级涅槃"与"高级涅槃"，朝下的统一与朝上的统一区分开来也是必要的（170）。

41. 自我实现者（以及所有处于高峰体验中的人）存在的一个重要问题是，他们偶尔会生活在时间和现实世界之外，尽管大部分时间都必须生活在外在现实世界中。生活在内心世界（主导这个世界的是心灵法则，而不是外在世界的法则），就是生活在体验、情感、愿望、恐惧、希望、爱、诗歌、艺术和幻想的世界中，与生活在现实世界是很不同的，现实世界的规则不是他制定的。虽然必须遵守现实世界的规则，但这些规则对他而言并不关键。（毕竟，就像科幻小说爱好者都知道的那样，他们还可以生活在其他类型的世界里）。一个人如果对自己的内心世界不畏惧，就可以把它当作天堂，尽情享受，与生活在更艰苦劳累、需要承担外部责任的"现实世界"形成对比。现实世界需要努力、竞争，有对与错、真理与谬误之分。当然，更健康的人也能更轻松愉快地适应"现实"世界，且对现实有"更好的验证"，即不会把现实世界与自己的内部心灵世界混淆起来。

现在我们已经知道，将内在和外在世界混为一谈，或完全拒绝内心体验，都是严重病态。在生活中，心理健康者能够将二者整合起来,因此不用放弃任何一个世界,能够在两者之间进退自如。这类似于偶尔探访贫民窟的人和被迫长期居住在那里的人之间的差别(如果一个人被迫永远住在其中一个世界里,那个世界就是一个贫民窟)。如此一来,即便是那些病态和"最低级的"内心体验也可以成为最健康的、"最高级"人性的一部分。只有对自己的理性不完全信任的人,才会惧怕陷入"疯狂"。教育必须帮助一个人学会同时生活在两个世界中。

42. 前文提到的命题让心理学对行为的作用有了新的理解。有目标、动机、应对、奋斗、有目的的行动,是心理世界和非心理世界之间进行交换的副产品。

(a)能够满足人的匮乏性需求的是外在世界而非内心世界。因此,人必须适应外在世界。比如,通过对现实进行验证,认识到世界的本质;学会区分外在世界和内心世界;了解人和社会的本质;学会延迟满足;学会将可能带来危险的东西隐藏起来;了解哪些外在事物能满足人的需求,哪些是危险的,哪些是无用的;了解哪些满足需求的技巧和路径是自身所在的文化允许的。

(b)世界本身美丽迷人、丰富多彩、充满趣味。探索、操控、游戏、静观、享受这个世界都是有动机的行为(是基于认知、运动和审美需求的行为)。

但有的行为从一开始就和这个世界几乎没有关系,或者完全没有关系。生物体纯粹本性、状态或力量[功能性兴趣(Funktion-slust)]是生命力的一种表达,而不是一种刻意的努力行为(24)。内观或对内心体验的享受不仅是一种"行动",且是对外在世界中行动的制约,也就是说,内观或内心体验使肌肉活动处于静止和平息的状态。等待也是一种推迟行动的特殊状态。

43. 弗洛伊德理论告诉我们,一个人的过去会体现在他现在的生活中。现在我们也必须从成长理论和自我实现理论中学到一点，那就是一个人现在的理想、希望、职责、任务、计划、目标、未开发的潜能、愿景、命运、使命等都体现着他的未来。一个没有未来的人仅仅生活在具象、无希望、空虚之中。对他来说，时间必须每时每刻都被"填满"。通常来说，奋斗的人们是大多数活动的组织者，一旦人们丢失了奋斗精神，他们的生活就会变得混乱、四分五裂。

当然，保持存在状态不需要未来，因为存在状态已经包含了未来。这时，形成过程暂停，其本票被兑换成终极回报——高峰体验。在高峰体验中，时间消失，希望得以实现。

附录 A

我们已经出版的理论以及在各类会议上宣读的理论也适用于个人心理学吗？ [①]

几周前，我顿悟到如何将格式塔理论的部分观点与我的健康成长心理学整合起来。困扰我多年的问题顿时迎刃而解。这是一个典型的高峰体验，是我经历到的最长的一次体验。在主风暴（顿悟）之后，雷声还持续了多日——一个接一个的原创观点涌入我的脑海。因为我习惯用纸笔思考，所以把所有这些灵光闪现都写到了纸上，以至于最后竟写出了完整的文章。我当时非常想将我为此次大会准备的专业论文扔进废纸篓。因为这是一次真实版、新鲜捕获的高峰体验，非常完美地（生动地）阐释了我原本打算讲解的激烈的或深刻的"自我身份认知体验"。

然而，这种体验非常私密，绝非寻常，我非常不愿意在大庭广众之下宣读这一体验，因此我决定不这么做。

在对于我的这种不情愿的心理进行分析之后，我发现其中有些内容，我还是非常希望和大家谈一谈。我意识到这种文章不"适合"发表，也不适合作为大会发言，但这让我不禁要问："为什么不适合？"某些个人真相和某些表达方式为什么不"适合"学术

---

① 这些讲稿先在一些非正式场合宣读过，然后在精神分析促进会（Advancement of Psychoanalysis）于 1960 年 10 月 5 日在纽约召开的卡伦·霍妮纪念大会上以论文的形式正式宣读。此次在将这些讲稿纳入本书时几乎没做修改，因为这与本节"未来任务"的主旨相合。

会议和科学期刊?

我得出的答案非常适合在这里讨论。在此次会议上,我们在摸索着讨论关于现象、无意识、隐私、极度个人化的内容。但我们却在一个完全不适合、缺乏同情心,甚至可以说是在备受禁锢的传统学术氛围或框架中讨论这些内容的。

我们的期刊、著作、会议主要适合于理性、抽象、逻辑、公开、非个人、普遍、可重复、客观、非情感的话题的交流和讨论。这正是我们"个体心理学家"力图改变的事实。换句话说,这是不当预设。其后果之一是作为心理治疗师或心理观察员,在讨论这些心理现象的时候,我们被迫遵照学术传统,像讨论病毒、月亮或小白鼠那样讨论问题,并假设我们能够将主客体完全分开,能够保持超然的情感态度,保持距离,不参与;假设我们(以及被观察对象)不会被感动,也不会因为观察行为而发生改变;假设"我"能够跟"您"全然分隔;假设所有的观察、思考、表达和交流都做到冷静客观;假设感情投入等只会让认知受到污染或扭曲。

简而言之,我们一直在用非个人化的科学经典标准和惯例来进行个人化的科学研究,但我相信这是行不通的。我认为,我们中有些人正在进行的科学革命(就像我们构建的科学哲学大到足够容纳经验知识)也必须拓展到学术交流规范这个领域。

我们必须将我们默认的事实公之于众,那就是在工作中,我们能够深层次地感知到研究对象的个人情感,很多时候我们的结论是建立在这种私人情感的交流基础上的。我们有时候会与自己的研究对象融为一体,通常会深度参与到他们的内心活动中,而且,如果我们不是在做表面文章,我们必须深入他们的内心。我们也必须坦陈一个事实真相:我们的很多"客观"研究同时也是主观的,外在世界与内心世界通常是同构的,即我们以"科学"的方式所解决的"外在问题"很多时候也是我们的内在问题，我们解决这些问题的方法，在原则上也是最宽泛意义上的自我治疗。

对我们这些个人科学家而言，这一点尤其正确，但在原则上，这对于所有科学家而言都是成立的。从星星、植物等外界事物中寻找秩序、法则、控制、可预测性、可把握性与寻找内心的法则、控制等是同构的。非个人科学在某些时候是对内心混乱、失控的一种防御。或者，更普遍说来，非个人科学可以是（我常常发现）对个人内心和他人的一种逃避或防御，对情感和冲动的一种厌恶，甚至有时是对人性的厌恶或恐惧。

将个人科学建立在与我们的研究结果相冲突的理论框架基础上显然是不明智的。我们不能用亚里士多德式的研究框架去研究非亚里士多德式的学科。我们不能只用抽象工具去研究经验知识。同样的，主客体分离的观点也不利于整体研究。二元划分的认知方式禁止整合。将理性、言语和逻辑视为探索和表达真理的唯一语言，限制了我们对非理性、诗意、虚构、模糊、初级过程以及梦境内容的研究。[①]虽然经典的、非个人和客观的研究方法对研究某些问题十分有效，但对这些新兴科学问题就并非那么有效了。

我们必须帮助那些讲"科学"的心理学家认识到，他们是在科学哲学的基础上进行研究，而不是研究科学哲学。此外，我们必须让他们认识到，任何科学哲学，如果其主要功能是排斥其他

---

① 举个例子，索尔·斯坦伯格（Saul Steinberg）去年（1959年）在《纽约客》杂志上发表的一系列著名插图更好地表达了我在这里竭力想表达的内容。在这些"存在主义卡通"作品中，这位出色的画家一个词也没有用。但请大家想一下，就这个研讨话题而言，这些作品是否适合在那些"严肃"的杂志里或像这样的学术会议上发表的一篇"严肃"论文中被列为参考文献呢？虽然这篇论文和他的卡通画的主题是相同的，即身份认同与疏离。

研究方法，则必定对科学研究起到一叶障目和阻碍的作用，而不是推动的作用。整个世界、所有体验都应该作为研究的对象。任何问题，包括"个人"问题都应该纳入人类的研究范畴。否则，我们就会像某些行会组织那样愚蠢地自我封闭。比如，有工会规定，只有木匠才能动木头，而木匠只能动木头。新材料、新方法是讨厌的，甚至是一种威胁，是灾难而不是机遇。再比如，在一些原始部落中每个人都必须是亲属系统中的一员。如果一个外人闯入，因为无法把他放入原来的亲属系统中，除了把他杀死别无他法。

我知道，上述观点可能很容易被误解，认为我是在攻击科学的研究方法。其实不然。我只是提议扩大科学的研究范围，这样就能把个人和体验心理学的问题和数据纳入科学领域。许多科学家放弃研究这些问题，认为它们是"非科学的"。然而，把这些问题留给非科学家进行研究，是在助长科学和"人文"研究的分离，而这种分离正在阻碍二者的发展。

很难猜测未来新型的学术交流范式具体是什么样子，但现在偶尔出现在心理分析文献中的，关于移情和反移情的讨论会增多。此外，学术期刊应该接受更多的关于个体心理的论文，无论是传记体还是自传体文章。很久以前，约翰·多拉德（John Dollard）在其关于南方社群研究的著作《一个南方小镇的社群与阶层》（*Caste and Class in a Southern Town*）前言中分析了自己的偏见，我们应该向他学习。我们还要接受更多"被治疗"者撰写的心理治疗心得，接受更多像马里恩·米尔纳在其《论无法绘画》（*Not Being Able to Paint*）一文中所作的自我心理分析，接受像尤金妮亚·汉夫曼所撰写的案例史，以及各类型人际交往的文字汇报材料。

然而，根据我自己的经历来看，最困难的是将我们的学术杂志向狂想曲、诗歌或自由联想类的文章开放。有些事实真相最好是用这种方式进行交流，比如任何形式的高峰体验。然而，这对所有人来说都是困难的。我们需要最精明的编辑来做编辑工作，因为一旦学术期刊向这些文章开放，必然会泥沙俱下，需要编辑精明的眼睛将有用的科研材料与垃圾区分开来。对此，我能给出的建议是：谨慎试点。

附录 B　参考文献

这份参考文献不仅包括文章中具体的引用文献，也包括心理学和精神病学领域的"第三势力"学派的一些作品。其中对这些作品作出最好的介绍的是莫斯塔卡斯（118），而对这一观点给出一般性阐述的是朱拉德（Jourard，72）和科尔曼（33）。

1. ALLPORT, G. *The Nature of Personality*. Addison-Wesley, 1950.

2. *Becoming*. Yale Univ., 1955.

3. Normative compatibility in the light of social science, in Maslow, A. H. (ed.). *New Knowledge in Human Values*. Harper, 1959.

4. *Personality and Social Encounter*. Beacon, 1960.

5. ANDERSON, H. H. (ed.). *Creativity and Its Cultivation*. Harper, 1959.

6. ANGYAL, *A. Foundations for a Science of Personality*. Commonwealth Fund, 1941.

7. Anonymous, Finding the real self. A letter with a foreword by Karen Horney, *Amer. J. Psychoanal.*, 1949, 9, 3.

8. ANSBACHER, H., and R. *The Individual Psychology of Alfred Adler*. Basic Books, 1956.

9. ARNOLD, M., and Gasson, J. *The Human Person*. Ronald, 1954.

10. ASCH, S. E. *Social Psychology*. Prentice-Hall, 1952.

11. ASSAGIOLI, R. *Self-Realization and Psychological Disturbances*. Psychosynthesis Research Foundation, 1961.

12. BANKAM, K. M. The development of affectionate behavior in infancy, *J. General Pyschol*, 1950, 76, 283–289.

13. BARRETT, W. *Irrational Man*. Doubleday, 1958.

14. BARTLETT, F. C. *Remembering*. Cambridge Univ., 1932.

15. BEGBIE, H. *Twice Born Men*. Revell, 1909.

16. BETTELHEIM, B. *The Informed Heart*. Free Press, 1960.

16a. BOSSOM, J., and MASLOW, A. H. Security of judges as a factor in impressions of warmth in others, *J. Abn. Soc. Psychol.*, 1957, 55, 147–148.

17. BOWLBY, J. *Maternal Care and Mental Health*. Geneva:World Health Organization, 1952.

18. BRONOWSKI, J. The values of science in Maslow, A. H. (ed.). *New Knowledge in Human Values*. Harper, 1959.

19. BROWN, N. *Life Against Death*. Random House, 1959.

20. BUBER, M. *I and Thou*. Edinburgh: T. and T. Clark, 1937.

21. BUCKE, R. *Cosmic Consciousness*. Dutton, 1923.

22. BUHLET, C. Maturation and motivation, *Dialectica*, 1951, 5, 312–361.

23. The reality principle, *Amer. J. Psychother.*, 1954, 8, 626–647.

24. BUHLER, K. *Die geistige Entwickling des Kindes*, 4th ed., Jena: Fischer, 1924.

25. BURTT, E. A. (ed.). *The Teachings of the Compassionate Buddha*. Mentor Books, 1955.

26. BYRD, B. Cognitive needs and human motivation. Unpublished.

27. CANNON, W. B. *Wisdom of the Body*. Norton, 1932.

28. CANTRIL, H. The *"Why"of Man's Experience*. Macmillan, 1950.

29. CANTRIL, H., and BUMSTEAD, C. *Reflections on the Human Venture*. N. Y. Univ., 1960.

30. CLUTTON-BROCK, A. *The Ultimate Belief.* Dutton, 1916.

31. COHEN, S. A growth theory of neurotic resistance to psychotherapy, *J. of Humanistic Psychol.*, 1961, 1, 48⁻63.

32. Neurotic ambiguity and neurotic hiatus between knowledge and action, *J.. Existential Psychiatry*, in press.

33. COLEMAN, J. *Personality Dynamics and Effective Behavior.* Scott, Foresman, 1960.

34. COMBS, A., and SNYGG, D. *Individual Behavior*. Harper, 1959.

35. COMBS, A. (ed.). *Perceiving, Behaving, Becoming: A New Focus for Education*. Association for Supervision and Curriculum Development, Washington D.C., 1962.

36. D'ARCY, M. C. *The Mind and Heart of Love*. Holt, 1947.

37. *The Meeting of Love and Knowledge*. Harper, 1957.

38. DEUTSCH, F., and MURPHY, W. *The Clinical Interview* (2 vols.). Int. Univs. Press, 1955.

38a. DEWEY, J. *Theory of Valuation*. Vol. II, No. 4 of *International*

Encyclopedia of Unified Science, Univ. of Chicago (undated).

38b. DOVE, W. F. A study of individuality in the nutritive instincts, *Amer. Naturalist*, 1935, 69, 469–544.

39. EHRENZWEIG, A. *The Psychoanalysis of Artistic Vision and Hearing*. Routledge, 1953.

40. ERIKSON, E. H. *Childhood and Society*. Norton, 1950.

41. ERIKSON, H. Identity and The Life Cycle. (Selected papers.) *Psychol. Issues*, 1, Monograph 1, 1959. Int. Univs. Press.

42. FESTINGER, L. A. *Theory of Cognitive Dissonance*. Peterson, 1957.

43. FEUER, L. *Psychoanalysis and Ethics*. Thomas, 1955. FIELD, J. (pseudonym), *see* Milner, M.

44. FRANKL, V. E. *The Doctor and the Soul*. Knopf, 1955.

45. From *Death-Camp to Existentialism. Beacon*, 1959.

46. FREUD, S. *Beyond the Pleasure Principle*. Int. Psychoan. Press, 1922.

47. *The Interpretation of Dreams, in The Basic Writings of Freud*. Modern Lib., 1938.

48. *Collected Papers*, London, Hogarth, 1956. Vol. III, Vol. IV.

49. *An Outline of Psychoanalysis*. Norton, 1949.

50. FROMM, E. *Man For Himself*. Rinehart, 1947.

51. *Psychoanalysis and Religion*. Yale Univ., 1950.

52. *The Forgotten Language*. Rinehart, 1951.

53. *The Sane Society*. Rinehart, 1955.

54. Suzuki, D. T., and DE MARTINO, R. *Zen Buddhism and Psychoanalysis*. Harper, 1960.

54a. GHISELIN, B. *The Creative Process*, Univ. of Calif., 1952.

55. GOLDSTEIN, K. *The Organism*. Am. Bk. Co., 1939.

56. *Human Nature from the Point of View of Psychopathology*. Harvard Univ., 1940.

57. Health as value, in A. H. Maslow (ed.). *New Knowledge in Human Values*. Harper, 1959, pp. 178–188.

58. HALMOS, P. *Towards A Measure of Man*. London: Kegan Paul, 1957.

59. HARTMAN, R. The science of value, in Maslow, A. H. (ed.). *New Knowledge in Human Values*. Harper, 1959.

60. HARTMANN, H. *Ego Psychology and the Problem of Adaptation*. Int. Univs. Press, 1958.

61. *Psychoanalysis and Moral Values*. Int. Univs. Press, 1960.

62. HAYAKAWA, S. I. *Language in Action*. Harcourt, 1942.

63. The fully functioning personality, ETC. 1956, 13, 164–181.

64. HEBB, D. O., & THOMPSON, W. R. The social significance of animal studies, *in* G. Lindzey (ed.). *Handbook of Social Psychology, Vol. 1*. Addison-Wesley, 1954, 532–561.

65. HILL, W. E. Activity as an autonomous drive, *J. Comp.& Physiological Psychol.*, 1956, 49,15–19.

66. HORA, T. Existential group psychotherapy, *Amer. J. of Psychotherapy*, 1959, 13, 83–92.

67. HORNEY, K. *Neurosis and Human Growth*. Norton, 1950.

68. HUIZINGA, J. *Homo Ludens*. Beacon, 1950.

68a. HUXLEY, A. *The Perennial Philosophy*. Harper, 1944.

69. *Heaven & Hell*. Harper, 1955.

70. JAHODA, M. *Current Conceptions of Positive Mental Health.* Basic Books, 1958.

70a. JAMES, W. *The Varieties of Religious Experience.* Modern Lib., 1942.

71. JESSNER, L., and KAPLAN, S. "Discipline" as a problem in psychotherapy with children, *The Nervous Child*, 1951, 9, 147–155.

72. JOURARD, S. M. *Personal Adjustment.* Macmillan, 1958.

73. JUNG, C. G. *Modern Man in Search of a Soul.* Harcourt, 1933.

74. *Psychological Reflections* (Jacobi, J., ed.). Pantheon Books, 1953.

75. *The Undiscovered Self.* London: Kegan Paul, London, 1958.

76. KARPF, F. B. *The Psychology & Psychotherapy of Otto Rank.* Philosophical Library, 1953.

77. KAUFMAN, W. *Existentialism from Dostoevsky to Sartre.* Meridian, 1956.

78. *Nietzsche.* Meridian, 1956.

79. KEPES, G. *The New Landscape in Art and Science.* Theobald, 1957.

80. *The Journals of Kierkegaard*, 1834–1854. Dru, Alexander, (ed. and translator). Fontana Books, 1958.

81. KLEE, J. B. *The Absolute and the Relative.* Unpublished.

82. KLUCKHOHN, C. *Mirror for Man.* McGraw-Hill, 1949.

83. KORZYBSKI, A. *Science and Sanity: An Introduction to Non-Aristotelian Systems and General Semantics* (1933). Lakeville, Conn.: International Non-Aristotelian Lib. Pub. Co., 3rd ed., 1948.

84. KRIS, E. *Psychoanalytic Explorations in Art*, Int. Univs. Press, 1952.

85. KRISHNAMURTI, J. *The First and Last Freedom.* Harper,

1954.

86. KUBIE, L, S. *Neurotic Distortion of the Creative Process.* Univ. of Kans., 1958.

87. KUENZLI, A. E. (ed.). *The Phenomenological Problem.* Harper, 1959.

88. LEE, D. *Freedom & Culture.* A Spectrum Book, Prentice-Hall, 1959.

89. Autonomous motivation, *J. Humanistic Psychol.*, in press.

90. LEVY, D. M. Personal communication.

91. *Maternal Overprotection.* Columbia Univ., 1943.

91a. LEWIS, C. S. *Surprised by Joy.* Harcourt, 1956.

92. LYND, H. M. *On Shame and the Search for Identity.* Harcourt, 1958.

93. MARCUSE, H. *Eros and Civilization.* Beacon, 1955.

94. MASLOW, A. H., and MITTELMANN, B. *Principles of Abnormal Psychology.* Harper, 1941.

95. MASLOW, A. H. Experimentalizing the clinical method, *J. of Clinical Psychol*, 1945, 1, 241–243.

96. Resistance to acculturation, *J. Soc. Issues*, 1951, 7, 26–29.

96a. Comments on Dr. Old's paper, in M. R. Jones (ed.). *Nebraska Symposium on Motivation*, 1955, Univ. of Neb., 1955.

97. *Motivation* and *Personality.* Harper, 1954.

98. A philosophy of psychology, in Fairchild, J. (ed.). *Personal Problems and Psychological Frontiers.* Sheridan, 1957.

99. Power relationships and patterns of personal development, *in* Kornhauser, A. (ed.). *Problems of Power in American Democracy.*

Wayne Univ., 1957.

100. Two kinds of cognition, *General Semantics Bulletin*, 1957, Nos. 20 and 21, 17–22.

101. Emotional blocks to creativity, *J. Individ. Psychol*, 1958, 14, 51–56.

102. *New Knowledge in Human Values*. Harper, 1959.

103. MASLOW, A. H; RAND, H., and NEWMAN, S. Some parallels between the dominance and sexual behavior of monkeys and the fantasies of psychoanalytic patients, *J. of Nervous and Mental Disease*, 1960, 131, 202–212.

104. Lessons from the peak-experiences, *J. Humanistic Psychol.*, in press.

105. DIAZ-GUERRERO, R. Juvenile delinquency as a value disturbance, in Peatman, J., and Hartley, E. (eds.). *Festschrift for Gardner Murphy*. Harper, 1960.

106. Peak-experiences as completions. (To be published.)

107. Eupsychia, *J. Humanistic Psychol*. (To be published.)

108. Mintz, N. L. Effects of esthetic surroundings: I. Initial short-term effects of three esthetic conditions upon perceiving "energy" and "well-being" in faces, *J. Psychol.*, 1956, 41, 247–254.

109. MASSERMAN, J. (ed.). *Psychoanalysis and Human Values*. Grune and Stratton, 1960.

110. MAY, R., et al (eds.). *Existence*. Basic Books, 1958.

111. *Existential Psychology*. Random House, 1961.

112. MILNER, M. (Joanna Field, pseudonym). A *Life of One's Own*. Pelican Books, 1952.

113. MILNER, M. *On Not Being Able to Paint*. Int. Univs. Press, 1957.

114. MINTZ, N. L. Effects of esthetic surroundings: II. Prolonged and repeated experiences in a "beautiful" and an "ugly" room. *J. Psychol*, 1956, 41, 459–466.

115. MONTAGU, ASHLEY, M. F. *The Direction of Human Development*. Harper, 1955.

115a. MORENO, J. (ed.). *Sociometry Reader*. Free Press, 1960.

116. MORRIS, C. *Varieties of Human Value*. Univ. of Chicago, 1956.

117. MOUSTAKAS, C. *The Teacher and the Child*. McGraw-Hill, 1956.

118. *The Self*. Harper, 1956.

119. MOWRER, O. H. *The Crisis in Psychiatry and Religion*. Van Nostrand, 1961.

120. MUMFORD, L. *The Transformations of Man*. Harper, 1956.

121. MUNROE, R. L. *Schools of Psychoanalytic Thought*. Dryden, 1955.

122. MURPHY, G. *Personality*. Harper, 1947.

123. MURPHY, G., and HOCHBERG, J. Perceptual development: some tentative hypotheses, *Psychol. Rev.*, 1951, 58, 332–349.

124. MURPHY, G. *Human Potentialities*. Basic Books, 1958.

125. MURRAY, H. A. Vicissitudes of Creativity, *in* H. H. Anderson (ed.). *Creativity and Its Cultivation*. Harper, 1959.

126. NAMECHE, G. Two pictures of man, *J. Humanistic Psychol.*, 1961, 1, 70–88.

127. NIEBUHR, R. *The Nature and Destiny of Man*. Scribner's, 1947.

127a. NORTHROP, F. C. S. *The Meeting of East and West*. Macmillan, 1946.

128. NUTTIN, J. *Psychoanalysis and Personality*. Sheed and Ward, 1953.

129. O'CONNELL, V. On brain washing by psychotherapists: The effect of cognition in the relationship in psychotherapy. Mimeographed, 1960.

129a. OLDS, J. Physiological mechanisms of reward, *in* Jones, M. R. (ed.). *Nebraska Symposium on Motivation*, 1955. Univ. of Nebr., 1955.

130. OPPENHEIMER, O. Toward a new instinct theory, *J. Social Psychol*, 1958, 47, 21–31.

131. OVERSTREET, H. A. *The Mature Mind*. Norton, 1949.

132. OWENS, C. M. *Awakening to the Good*. Christopher, 1958.

133. PERLS, F., HEFFERLINE, R., and GOODMAN, P. *Gestalt Therapy*. Julian, 1951.

134. PETERS, R. S. "Mental health" as an educational aim. Paper read before Philosophy of Education Society, Harvard University, March, 1961.

135. PROGOFF, I. *Jung's Psychology and Its Social Meaning*. Grove, 1953.

136. PROGOFF, I. *Depth Psychology and Modern Man*. Julian, 1959.

137. RAPAPORT, D. *Organization and Pathology of Thought*.

Columbia Univ., 1951.

138. REICH, W. *Character Analysis*. Orgone Inst., 1949.

139. REIK, T. *Of Love and Lust*. Farrar, Straus, 1957.

140. RIESMAN, D. *The Lonely Crowd*. Yale Univ., 1950.

141. RITCHIE, B. F. Comments on Professor Farber's paper, *in* Marshall R. Jones (ed.). *Nebraska Symposium on Motivation*. Univ. of Nebr., 1954, pp. 46–50.

142. ROGERS, C. *Psychotherapy and Personality Change*. Univ. of Chicago, 1954.

143. ROGERS, C. R. A theory of therapy, personality and interpersonal relationships as developed in the client-centered framework, in Koch, S. (ed.). *Psychology: A Study of a Science, Vol. III*. McGraw-Hill, 1959.

144. ROGERS, C. *A Therapist's View of Personal Goals*. Pendle Hill, 1960.

145. *On Becoming a Person*. Houghton Mifflin, 1961.

146. ROKEACH, M. *The Open and Closed Mind*. Basic Books, 1960.

147. SCHACHTEL, E. *Metamorphosis*. Basic Books, 1959.

148. SCHILDEK, P. *Goals and Desires of Man*. Columbia Univ., 1942.

149. *Mind: Perception and Thought in Their Constructive Aspects*. Columbia Univ., 1942.

150. SCHEINFELD, A. *The New You and Heredity*. Lippincott, 1950.

151. SCHWARZ, O. *The Psychology of Sex*. Pelican Books, 1951.

152. SHAW, F. J. The problem of acting and the problem of becoming, *J. Humanistic Psychol.*, 1961, 1, 64–69.

153. SHELDON, W. H. *The Varieties of Temperament.* Harper, 1942.

154. SHLIEN, J. M. *Creativity and Psychological Health.* Counseling Center Discussion Paper, 1956, 11, 1–6.

155. SHLIEN, J. M. A criterion of psychological health, *Group Psychotherapy*, 1956, 9, 1–18.

156. SINNOTT, E. W. *Matter, Mind and Man.* Harper, 1957.

157. SMILIIE D. Truth and reality from two points of view, *in* Moustakas, C, (ed.). *The Self.* Harper, 1956.

157a. SMITH, M. B. "Mental health" reconsidered: A special case of the problem of values in psychology, *Amer. Psychol.*, 1961, 16, 299–306.

158. SOROKIN, P. A. (ed.). *Explorations in Altruistic Love and Behavior.* Beacon, 1950.

159. SPITZ, R. Anaclitic depression, *Psychoanal Study of the Child*, 1946, 2, 313–342.

160. SUTTIE, I. *Origins of Love and Hate.* London: Kegan Paul, 1935.

160a. SZASZ, T. S. The myth of mental illness, *Amer. Psychol.*, 1960, 15, 113–118.

161. TAYLOR, C. (ed.). *Research Conference on the Identification of Creative Scientific Talent.* Univ. of Utah, 1956.

162. TEAD, O. Toward the knowledge of man, *Main Currents in Modern Thought*, Nov. 1955.

163. TILLICH, P. *The Courage To Be.* Yale Univ., 1952.

164. THOMPSON, C. *Psychoanalysis: Evolution & Development.* Grove, 1957.

165. VAN KAAM, A. L. *The Third Force in European Psychology —Its Expression in a Theory of Psychotherapy.* Psychosynthesis Research Foundation, 1960.

166. Phenomenal analysis: Exemplified by a study of the experience of "really feeling understood," *J. of Indiv. Psychol,* 1959, 15, 66–72.

167. Humanistic psychology and culture, J. *Humanistic Psychol,* 1961, 1, 94–100.

168. WATTS, A. W. *Nature, Man and Woman.* Pantheon, 1958.

169. *This is IT.* Pantheon, 1960.

170. WEISSKOPF, W. Existence and values, in Maslow, A. H. (ed.). New *Knowledge of Human Values.* Harper, 1958.

171. WERNER, H. *Comparative Psychology of Mental Development.* Harper, 1940.

172. WERTHEIMER, M. Unpublished lectures at the New School for Social Research, 1935–6.

173. *Productive Thinking.* Harper, 1959.

174. WHEELIS, A. *The Quest for Identity.* Norton, 1958.

175. *The Seeker.* Random, 1960.

176. WHITE, M. (ed.). *The Age of Analysis.* Mentor Books, 1957.

177. WHITE, R. Motivation reconsidered: the concept of competence, *Psychol. Rev.,* 1959, 66, 297–333.

178. WILSON, C. *The Stature of Man.* Houghton, 1959.

179. WILSON, F. Human nature and esthetic growth, in Moustakas, C. (ed.). *The Self.* Harper, 1956.

180. Unpublished manuscripts on Art Education.

181. WINTHROP, H. Some neglected considerations concerning the problems of value in psychology, *J. of General Psychol.*, 1961, 64, 37-59.

182. Some aspects of value in psychology and psychiatry, *Psychological Record*, 1961, 11, 119–132.

183. WOODGER, J. *Biological Principles.* Harcourt, 1929.

184. WOODWORTH, R. *Dynamics of Behavior.* Holt, 1958.

185. YOUNG, P. T. *Motivation and Emotion.* Wiley, 1961.

186. ZUGER, B. Growth of the individuals concept of self. A.M.A. Amer. *J. Diseased Children*, 1952, 83, 719.

187. The states of being and awareness in neurosis and their redirection in therapy, *J. of Nervous and Mental Disease*, 1955, 121, 573.

致　谢

在这里，不再重复我在《动机与人格》一书中的致谢词，我希望补充以下新内容。

我非常幸运，能遇到尤金妮亚·汉夫曼（Eugenia Hanfmann）、理查德·海德（Richard Held）、理查德·琼斯（Richard Jones）、詹姆斯·克利（James Klee）、里卡多·莫兰特（Ricardo Morant）、乌尔里克·奈瑟（Ulric Neisser）、哈里·兰德（Harry Rand），以及沃尔特·托曼（Walter Toman）等同事，在写作本书的过程中，他们是我的合作者、倾听者以及辩友。在此，谨向他们表达我的敬意和爱戴，感谢他们对我的帮助。

十年来，我有幸与博学、睿智、敏思的布兰迪斯大学历史学博士弗兰克·曼纽尔（Frank Manuel）探讨学问。这份友谊不仅陪伴我度过美好时光，还让我领悟良多。

执业心理分析师哈里·兰德博士，是我的朋友和同行，在过去十年里也一直和我一起探索弗洛伊德理论的深层含义，我们的合作成果之一已经发表（103）。曼纽尔博士和兰德博士以及另外一位长期与我辩论的执业心理分析师沃尔特·托曼都不同意我提出的统一观，但正是他们提出的不同见解，帮助我完善了结论。

里卡多·莫兰特和我共同举办过研讨会，合作过实验，合写过论文，这些合作让我离实验心理学的主流更进一步。

关于本书的第三章和第六章，我要特别致谢詹姆斯·克利博士。

在我们心理学系研究生学术论坛上，我和上述朋友、同事及其他同事与研究生进行了辩论，虽然问题尖锐，但气氛友好，令我收获颇多。布兰迪斯大学的教职员工，就像所有的知识分子一样博学善思、能言善辩，在日常与他们的正式和非正式接触中，我受益良多。

在麻省理工学院召开的"价值学术研讨会"也让我收获不少，特别是弗兰克·鲍迪齐（Frank Bowditch）、罗伯特·哈特曼（Robert Hartman）、捷尔吉·凯派什（Gyorgy Kepes）、多萝西·李（Dorothy Lee），以及沃尔特·韦斯科普夫（Walter Weisskopf）的发言让我很受启发。阿德里安·范·卡姆（Adrian van Kaam）、罗洛·梅（Rollo May）和詹姆斯·克利让我接触到了存在主义理论。弗朗西斯·威尔逊·施瓦茨（Frances Wilson Schwartz, 179, 180）教会我创造性艺术教育及其对成长心理学的影响。奥尔德斯·赫胥黎（Aldous Huxley, 68a）是最早让我认真对待宗教心理学和神秘主义心理学的作家。费利克斯·多伊奇（Felix Deutsch）让我通过亲身体验，从内部了解了心理分析疗法。库尔特·戈尔茨坦给予我巨大启发，谨以此书向他致敬。

本书大部分内容是在学术休假年期间完成的，因此感谢我所在大学制定的明智政策。也感谢埃拉·莱曼·卡伯特信托基金（Ella Lyman Cabot Trust），让我不必在写作本书的那一年为钱分心。若不是在学术休假年，我很难有机会沉下心做理论研究。

弗纳·科利特（Verna Collette）小姐负责打印本书的大部分内容，她非常能干，十分耐心，不辞劳苦，我非常感谢她。格温·惠特利（Gwen Whately）、洛兰·考夫曼（Lorraine Kaufman）和桑迪·

梅泽尔（Sandy Mazer）对本书出版也做了很多秘书工作，我在此一并致谢。

第一章是根据我1954年10月18日在纽约市库珀联盟学院所作的一次讲座修订完成的。全文在1956年的《自我》一书中发表，该书由哈珀兄弟（Harper & Bros.）出版社出版，编辑是克拉克·莫斯塔卡斯（Clark Moustakas），本次发表已获得哈珀兄弟出版社授权。该文在1961年由斯科特·福尔斯曼（Scott Foresman）出版社出版的《如何成功完成大学教育》一书中再版，该书编者为J. 科尔曼（J. Coleman）、F. 力博（F. Libaw）、W. 马丁森（W. Martinson）。

第二章是1959年美国心理学会大会的关于存在心理学专题讨论会上所宣读论文的修订版。该文首次发表在《存在主义探索》（*Existentialist Inquiries*，1960，1，1—5）期刊上。本次出版得到了该期刊编辑的授权。1960年，《宗教探索》（*Religious Inquiry*，1960，No. 28，4—7）期刊对该文进行了转载。1961年，由兰登书屋出版社出版的《存在心理学》一书对该文进行了转载，编辑是罗洛·梅。

第三章是1955年1月13日我在内布拉斯加大学举办的"动机研讨会"上演讲的浓缩本。该文于1955年在内布拉斯加大学出版社出版的"内布拉斯加动机研讨会"论文集上发表，编辑是M. R. 琼斯（M. R. Jones）。本次转载已经获得该出版社授权。《一般语义学通讯》（*The General Semantics Bulletin*，1956，Nos. 18 and 19，32—42）转载了该文。同年，在J. 科尔曼编辑、斯科特·福尔斯曼出版社出版的《人格动力与有效行为》（*Personality Dynamics and Effective Behavior*）一书中也进行了转载。

第四章是1956年5月10日举行的美林·帕尔默成长学术大会上的发言稿。该文首次发表在1956年《美林·帕尔默》季刊上（*The*

Merrill-Palmer Quarterly，1956，3，36—47），经该刊编辑许可在此使用。

第五章是我在塔夫茨大学演讲第二部分的修订版，该演讲稿于1963 年发表在《普通心理学杂志》（*The Journal of General Psychology*）上。经编辑许可，在此使用。讲座前半部分总结了已知道的能证明本能存在假设成立的所有证据。

第六章是 1956 年 9 月 1 日在美国心理学会"人格与社会心理学分会"上的主席发言修订版。该文最早发表于《遗传心理学刊》（*The Journal of Genetic Psychology*，1959，94，43—66），经该期刊编辑授权在此使用。该文也曾在《国际超心理学杂志》（*International Journal of Parapsychology*，1960，2，23—54）中转载。

第七章从一篇演讲稿修订而来。1960 年 10 月 5 日纽约市精神分析促进协会为纪念卡伦·霍妮（Karen Horney）举办的"身份与异化"研讨会上，我首次宣读了该演讲稿。该演讲稿发表在《美国精神分析学刊》（*American Journal of Psychoanalysis*，1961，21，254）。经编辑者授权收录于本书中。

第八章最早发表在《个人心理学》（*The Journal of Individual Psychology*，1959，15，24—32），该期是纪念库尔特·戈尔茨坦八十岁诞辰的专辑。经编辑授权收录在本书中。

第九章的内容首次发表在国际大学出版社 1960 年出版的海因茨·沃纳（Heinz Werner）纪念论文集《心理学理论方法》（*Perspectives in Psychological Theory*）中。该论文集编者是 B. 卡普兰（B. Kaplan）和 S. 瓦普纳（S. Wapner）。经编辑和出版商授权，收录在此书中。

第十章是 1959 年 2 月 28 日在密歇根州东兰辛的密歇根州立大学发表演讲的修订版，是有关创造力的系列演讲之一。该系列演讲已经集结成《创造力及其培养》（*Creativity and its Cultivation*）一书，出版时间是 1959 年，编者是 H. H. 安德森（H. H. Anderson），出版商是哈珀兄弟出版公司。经编辑和出版商授权，收录于本书。该文也曾在《电机设计》（*Electro-Mechaincal Design*，1959 年 1 月和 8 月期）及《普通语义学通讯》（*General Semantics Bulletin*，1959—60，No3. 23 and 24，45—50）转载。

第十一章是 1957 年 10 月 4 日在马萨诸塞州剑桥市麻省理工学院举行的"人类价值观新解"大会上的演讲稿，于 1958 年在《人类价值观新解》（*New Knowledge in Human Values*）文集中首次发表。该文集编辑是 A. H. 马斯洛，出版商是哈珀兄弟出版公司。经出版商授权收录于书中，收录时进行了修订和扩展。

第十二章是 1960 年 12 月 10 日在纽约市精神分析学院举行的价值研讨会上宣读的演讲稿，收录的是修订和扩展版。

第十三章是 1960 年 4 月 15 日在东方心理学会举办的"积极心理健康研究研讨会"上的演讲稿。在《人本心理学》（*Journal of Humanistic Psychology*，1961，1，1—7）发表。经编辑授权录入本书。

第十四章是根据以前的一篇论著修改和扩展而成的。该书名为《观察、行为、成为：教育新焦点》（*Perceiving, Behaving, Becoming: A New Focus for Education*），写于 1958 年，编者为 A. 库姆斯（A. Combs），并由美国督导与课程开发协会（ASCD）作为 1962 年年鉴出版（出版地华盛顿特区）。本章观点是本书及以前部分观点（97）的总结。在一定程度上，这一章也是对未来相关心理学研究的一种逻辑推导。

布兰迪斯大学

A. H. 马斯洛

马萨诸塞州，沃尔瑟姆

图书在版编目（CIP）数据

存在心理学探索 / （美）亚伯拉罕·H. 马斯洛（Abraham H. Maslow）著；
朱海燕译 . —西安：世界图书出版西安有限公司，2023.1
（马斯洛心理学经典译丛）
书名原文：Toward a Psychology of Being
ISBN 978-7-5192-7436-8

I. ①存… II. ①亚… ②朱… III. ①存在主义—心理学
学派 IV. ① B84-066

中国国家版本馆 CIP 数据核字（2023）第 013242 号

存在心理学探索
CUNZAI XINLIXUE TANSUO

作　　者　［美国］亚伯拉罕·H. 马斯洛
译　　者　朱海燕
责任编辑　孙　蓉
书籍设计　鹏飞艺术
出版发行　世界图书出版西安有限公司
地　　址　西安市锦业路都市之门 C 座
邮　　编　710065
电　　话　029-87233647（市场部）　029-87234767（总编室）
网　　址　http://www.wpcxa.com
邮　　箱　xast@wpcxa.com
经　　销　新华书店
印　　刷　天津丰富彩艺印刷有限公司
开　　本　960mm×640mm　1/16
印　　张　14.25
字　　数　180 千字
版　　次　2023 年 1 月第 1 版
印　　次　2023 年 1 月第 1 次印刷
国际书号　ISBN 978-7-5192-7436-8
定　　价　49.80 元